天柱山蝴蝶

诸立新　董　艳　朱太平　刘子豪　主编

顾问	徐海根	马方舟	王晨彬	张彦静
编委	涂高生	王晨东	江　霞	马云志
	高建强	方向明	杨培华	余海兵
	黄　雯	程小青	金先来	程　围
	葛焰萍	曹临风	朱文清	刘　锴
	孙　惠	章　鹏	方　晨	范雪晴
	刘克勤	韩　剑	黄光中	葛良善
	储小刚	唐晶晶	朱太平	欧迎春
	诸立新	董　艳	张邦贤	欧永跃

中国科学技术大学出版社

内 容 简 介

作者对天柱山自然保护区内生物多样性进行了多年的调查,发现蝴蝶5科145种,本书分别按凤蝶科、粉蝶科、蛱蝶科、灰蝶科、弄蝶科分类,提供每一种蝴蝶的标本照片,介绍其发生期情况,以展示天柱山丰富的蝶类资源。全书内容丰富、鉴定准确、图文并茂,可读性、科普性和学术性俱佳,可为专业研究蝴蝶的人员提供参考,也可作为青少年认识和了解蝴蝶的科普读物,增强他们对生态环境保护和可持续发展的科学意识。

图书在版编目(CIP)数据

天柱山蝴蝶/诸立新等主编. —合肥:中国科学技术大学出版社,2019.4
ISBN 978-7-312-04686-5

Ⅰ. 天… Ⅱ. 诸… Ⅲ. 天柱山—蝶—图集 Ⅳ. Q969.420.8-64

中国版本图书馆CIP数据核字(2019)第072750号

出版	中国科学技术大学出版社
	安徽省合肥市金寨路96号,230026
	http://press.ustc.edu.cn
	https://zgkxjsdxcbs.tmall.com
印刷	合肥华云印务有限责任公司
发行	中国科学技术大学出版社
经销	全国新华书店
开本	787 mm×1092 mm 1/16
印张	10.5
字数	112千
版次	2019年4月第1版
印次	2019年4月第1次印刷
定价	180.00元

目　录

0　绪　论

1　凤蝶科 Papilionidae

2　粉蝶科 Pieridae

3　蛱蝶科 Nymphalidae

4 灰蝶科 Lycaenidae

5 弄蝶科 Hesperiidae

0 绪 论

0.1 天柱山风景区概况

0.1.1 地理位置

天柱山位于安徽省安庆市潜山县西部,又名潜山,为大别山的余脉,规划保护区面积为333平方千米,风景区面积为82.46平方千米,地理坐标为北纬30°35′17″~30°48′41″、东经116°16′04″~116°33′41″。以贯穿风景区的潜河为界,风景区分为南北两个区域,是由单一闭合式边界组成的自然地理区域。最高海拔为1489.8米(天柱峰),地理坐标为北纬30°43′、东经116°27′。

天柱山因其独特的自然景观,名列安徽省三大名山(黄山、九华山、天柱山)之一。早在汉武帝时就封为"南岳",2011年9月被联合国教科文组织正式批准为世界地质公园。

0.1.2 自然环境

1. 地质地貌

天柱山属于大别山的余脉,地形自主峰的高山区逐渐向东北、西南方向的丘陵过渡,随海拔高度渐次下降,依次分布中山、低山、丘陵、盆地、溪涧等地貌。主峰腹地属于中山地貌,有海拔千米以上的山峰47座,多峡谷分割,危崖耸立,奇石遍布,形成气势磅礴的峰林峰丛景观;主峰的外围属于低山地貌,海拔在500~1000米之间,多瀑布、井潭分布;主峰之下有多级山间盆地,规模较小,海拔在1000米以下。

2. 气候

天柱山风景区属亚热带季风气候,四季分明、气候温和、光照充足、雨量充沛、无霜期较长。年平均温度在9.5°C左右,年最高温度38°C,最低温度-13.4°C。全年平均雾日在250天左右,最多可达300天,最少也有200天,年平均日照时间在2000小时以下。年降雨日最多可达150天,历年平均降雨量最高达1900毫米。

天柱山风景区的气候还受海拔高度的影响,气温递减率有明显的季节特征,并随着坡向的改变而改变。因此,天柱山区气候不仅具有北亚热带季风气候的总体特征,又有受山区海拔影响而形成的独特的山区气候特点。

3. 土壤

天柱山风景区内常见的土壤层是基岩山区多见的残积岩和坡积岩。土壤类型呈现较明显的垂直分布规律。一般在海拔250米以下的南坡,属黄红壤,250~800米(北坡750米)属山地黄棕壤,800米以上为山地棕壤。另外,在海拔1100米左右的局部平缓地带,尚有小面积的山地草甸土出现。计有4个土类、4个亚类、4个土属、8个土种,其成土母质属酸性结晶岩类残积和坡积物。

4. 水文

天柱山属皖河、潜水两大水系。山上的溪涧呈放射型特征,分别汇入潜水、皖河。潜水在天柱山范围内长56.7千米,历年最高水位达31.82米,最低水位28.1米。皖河常年水量为9.71亿立方米。充足的降水、良好的植被、较大的汇水面积和山高谷深造成的相对高差大等因素,令天柱山地表水力资源十分丰富。综观全区地表沟水流的发育,受天柱山风景区主干构造线(菖蒲-黄柏断裂;水口-龙井关断裂为代表,其走向为NE40°)和天柱分水岭的共同制约,大多呈北东及南西延伸。

5. 植被

天柱山风景区处亚热带北缘,是常绿阔叶林的边缘,属常绿阔叶与落叶林的过渡区,区域内植被垂直分布特征明显。区域内森林覆盖率74.3%,绿化率76.2%,树种比重中针叶林占主体部分,阔叶林稀少。主要植被物种有马尾松(59%)、黄山松(10%)、杉木(8%)、毛竹(20%);经济林主要为板栗、茶叶。

0.2 蝴蝶

蝴蝶属节肢动物门(Arthropoda)昆虫纲(Insecta)鳞翅目(Lepidoptera)锤角亚目(Rhopalocera)。蝴蝶被誉为"会飞的花朵",是一类非常美丽的昆虫。蝴蝶因其对生态环境变化的敏感性,成为重要的生态环境指示物种。

0.2.1　形态特征

蝴蝶大多数体型属于中型至大型,翅展在15~260毫米之间,有2对膜质的翅。体躯长圆柱形,分为头、胸、腹三部分。体及翅膜上覆有鳞片及毛,形成各种色彩斑纹。

1. 头 部

身体的最前部,呈圆球形或半球形,着生感觉及取食器官。复眼1对,触角末端膨大成球形或呈钩状,口器着生在头的腹方。

2. 胸 部

位于头部后方,由前胸、中胸和后胸三胸节组成,紧密愈合。前胸小,腹面足1对。中胸最发达,背侧各有1对翅,腹面足1对。后胸背侧各有1对翅,腹面足1对。

3. 腹部及外生殖器

位于胸部后,由9~10节组成,能够自由伸缩或弯曲。全部内脏器官都包藏在腹部这一体段内。末端数节称为生殖节,蝶的外生殖器着生于此。

0.2.2　生活习性

鳞翅目(Lepidoptera)锤角亚目(Rhopalocera)(蝴蝶)是完全变态类,它们的一生要经过卵、幼虫、蛹、成虫(蝴蝶)4个时期。成虫期蝴蝶的生活习性如下:

1. 活 动

蝴蝶是昼出性昆虫,其活动都在白天。飞行姿态和速度因品种而异。

2. 取 食

成虫以虹吸式口器吸食花蜜、果汁、树液、糖饴或发酵物,也有吸食溪边或苔藓上的清水、鸟兽粪便液及动物尸体体液的。种类不同,摄食习性亦异。

3. 交 配

成虫由于生活习性不同、外生殖器结构不同,保证了不同种类不相杂交。蝴蝶交配前,大多经过一段求婚飞翔的过程,有些种类的婚飞要有很大的空间才可以完成。

4. 产卵

蝴蝶雌虫交配后在寄主植物上一个一个地散产卵粒,只有个别种类将卵产在寄主植物附近。成虫产卵量一般为50~200粒,当能够获得丰富的补充营养时,产卵量增加;当营养不足时,则产卵量随之减少。

0.2.3　蝶类和蛾类的区别

1. 体型

相对地说,蝶类通常身体纤细,翅较阔大,有美丽的色泽;蛾类通常身体短粗,翅相对狭小,色泽不够鲜艳。

2. 触角

蝶类触角呈棒状或锤状;蛾类触角呈栉状、丝状或羽毛状。

3. 活动

蝶类白天活动;蛾类多在晚上活动。蝶类静止时双翅竖立于背上或不停扇动;蛾类静止时双翅平叠于背上或放置在身体两侧。

4. 构造

蝶类前后翅一般没有特殊的连接构造,飞行时后翅肩区直接贴在前翅下,以保持动作的一致;蛾类前后翅通常具有特殊的连接构造——"翅轭"或"翅缰",飞行时使前后翅能够连接在一起。

0.3　天柱山蝴蝶监测工作

天柱山风景区的蝴蝶资源尚未被系统地报道,作者利用承担"环保部全国生物多样性(蝴蝶)观测工作"中安徽样区观测工作的机会,自2016年起对天柱山风景区的蝴蝶进行监测和调查。天柱山风景区的蝴蝶监测工作严格按《生物多样性观测技术导则:蝴蝶》(*Technical guidelines for biodiversity monitoring-butterflies*)中有关规范和要求执行。

0.3.1　监测工作布局

在天柱山样区划定了5条样线,每条样线长2千米。采用样线法进行蝶类监测,监测的时间为每年的4~9月,并根据需要适当延长观测时间和观测次数。

在天柱山样区所划定的5条样线里,按样线法观测、记录所见到的蝴蝶种类、数量,并根据观测到的数据分析蝶类组成、区系分析、种群动态、面临的威胁等。同时利用积累的数据来分析生境变化、环境污染、气候变化等因素对蝶类多样性的影响。

观测方式为样线法,即在确定的样线里开启GPS定位记录样线等有关数据,沿样线缓慢前进,速度平均为每小时1~2千米。记录样线左右2.6米、上方5米、前方5米范围里所见到的蝶类种类和数量,不重复记录或身后的蝶类数量和种类。在悬崖或者水边,沿样线记录一侧5米范围内的数据。

在观测中有形态近似的蝶类和某种蝶类数量特别多的时候,采用了相机拍摄进行分类特征和统计数量,并用网捕捉等方法进行进一步的分类,种类确定后原地释放。

通过《生物多样性观测技术导则》所规定的时间、线路和技术规范对样线观测到的蝶类进行分类统计,填写在《样线观测记录表》上,回驻地后输入电子表格。

0.3.2　监测情况

通过3年(2016～2018年)对天柱山样区数百千米持续的监测和调查,共计观察和记录到蝴蝶5科87属145种。所观察到的蝶类中,蛱蝶科无论是数量还是种类都居首位,其次是弄蝶、凤蝶、灰蝶、粉蝶,没有监测观察到蚬蝶科物种。常见的大型蝶类为碧凤蝶、蓝凤蝶、柑橘凤蝶、中华麝凤蝶、灰绒麝凤蝶等;监测数量前五位的蝶类为朴喙蝶、菜粉蝶、酢浆灰蝶、北黄粉蝶、连纹黛眼蝶。作者选取天柱山风景区常绿落叶阔叶混交林、针阔叶混交林为典型生境,观测时的人为干扰因素主要是道路修建和景区改造。

1 凤蝶科 Papilionidae

成虫 包括蝴蝶中的一些大型和中型美丽的种类,色彩鲜艳,底色多黑、黄或白,有蓝、绿、红等颜色的斑纹。

下唇须小,喙管及触角发达,后者向端部逐渐加大。前足正常;爪1对,下缘平滑不分叉。前、后翅呈三角形,中室闭式;前翅R脉5条,A脉2条,通常有1条臀横脉(cu-a);后翅只1条A脉,肩角有一钩状的肩脉(h)生在亚缘室上,多数种类M_3常延伸成尾突,也有的种类无尾突或有2条以上的尾突。

大多数种类雌雄的体形、大小与颜色相同;雄的常有绒毛或特殊的鳞分布在后翅内缘的褶内;也有因季节不同而呈现差异;更有某些种类雌性有多型,造成鉴别上的困难。

多在阳光下活动,飞翔在丛林、园圃间,行动迅速,捕捉困难。

卵 近圆球形,表面光滑,或有微小而不明显的皱纹;多产在寄主植物上;散产,也有多个产在一起的。

幼虫 粗壮,后胸节最大,体多光滑,有些种类有肉刺或长毛;体色因龄期而有变化,初龄多暗色,拟似鸟粪,老龄常为绿、黄色,有红、蓝、黑斑等警戒色;受惊时从前胸前缘中央能翻出红色或黄色Y形或V字臭角,散发出不愉快的气味以御敌。

蛹 缢蛹,表面粗糙,头端二分叉,中胸背板中央隆起,喙到达翅芽的末端,以蛹越冬,化蛹地点在植物的枝干上。

寄主 主要是芸香科(Rutaceae)、樟科(Lauraceae)、伞形花科(Umbelliferae)及马兜铃科(Aristolochiaceae)。其中有多种为柑橘类植物的(Citrus reticulata Blanco)害虫。

1.1　凤蝶亚科 Papilioninae

1.1.1　裳凤蝶属 *Troides* Hübner, [1819]

1. 金裳凤蝶 *Troides aeacus*（Felder et Felder，1860）

　　为中国最大的蝴蝶,翅展达 125~170 mm。体黑色,头颈部及胸部外侧有红毛,腹部背面黑色,节间黄色,腹面黄色。前翅黑色有天鹅绒光泽,后翅金黄色,有黑色外缘或亚外缘斑,翅脉黑色。与裳凤蝶的区别在于雄蝶正面、后翅亚外缘黑斑向内有黑色鳞片形成的晕斑;雌蝶后翅亚外缘黑斑呈长楔形,且不与外缘黑斑相连。5~8 月发生,雄蝶喜在高处翱翔,雌蝶喜访花,一年发生 2 代,以蛹越冬。

　　寄主:管花马兜铃（*Aristolochia tubiflora*）等植物。

　　*标本照旁附有原长度为 10 毫米的标尺作为参照（成书过程中,对部分图片和原标尺进行了等比例的缩放）,读者可根据标尺计算出标本的实际大小。下同。

1.1.2 麝凤蝶属 *Byasa* Moore,1882

2. 中华麝凤蝶 *Byasa confusus*（Rothschild，1895）

　　天柱山分布的为 ssp. *mansonensis*（Fruhstorfer,1901）。广泛分布于我国华北、华东、华中、华南和西南地区,原作为麝凤蝶*Byasa alcinous*的亚种,因生殖器有显著差异故提升为种(Wu,2001),而麝凤蝶主要分布在东北地区。雄蝶正面黑色具天鹅绒光泽,后翅内缘褶皱内有黑色性标,反面黑色,后翅亚外缘及臀角有7枚紫红色斑,靠近前缘的第七枚斑很小;雌蝶正面浅土黄色,各室有深灰色条纹,后翅外缘及尾突灰黑色,反面同雄蝶。成虫飞行缓慢,常滑翔,喜访花,以蛹越冬。

　　寄主:寻骨风(*Aristolochia mollissima*)等植物。

3. 灰绒麝凤蝶 *Byasa mencius*（Felder et Felder，1862）

个体通常比中华麝凤蝶大，尾突更长。雄蝶翅灰黑色，后翅亚外缘及臀角有6~7枚紫红色斑，除靠近前缘的第七枚经常消失外，其他6枚都较发达，其中4枚呈新月形，后翅正面内缘褶皱内为灰白色；雌蝶个体较雄蝶大，正面浅灰色，紫红色斑更大而明显，以蛹越冬。

寄主：马兜铃（*Aristolochia debilis*）等植物。

1.1.3 珠凤蝶属 *Pachliopta* Reakirt, 1864

4. 红珠凤蝶 *Pachliopta aristolochiae* (Fabricius, 1775)

体黑色,头颈部有红毛,腹部腹面红色。前翅灰色,外缘及翅脉黑色,各室有黑色条纹。后翅黑色,正面亚外缘有不明显的弯月形暗红色斑,反面亚外缘有紫红色圆斑,中域有数枚白斑,尾突较圆,以蛹越冬。

寄主:马兜铃(*Aristolochia debilis*)等植物。

1.1.4 斑凤蝶属 *Chilasa* Moore，1881

5. 小黑斑凤蝶 *Chilasa epycides* Hewitson，[1864]

体黑色，有白点。翅黄白色或灰色，翅脉附近黑色，中室内有黑色条纹，翅外缘及亚外缘有黑色带，后翅臀角有橙色斑，无尾突。一年仅春季发生1代，成虫飞行缓慢，喜访花、吸水，以蛹越冬。

寄主：樟(*Cinnamomum camphora*)等植物。

1.1.5　凤蝶属 *Papilio* Linnaeus，1758

6. 玉带凤蝶 *Papilio polytes* **Linnaeus，1758**

　　体黑色,有白点。雌雄异型。雄蝶翅黑色,前翅外缘及后翅中域有1列白斑,后翅正面臀角处有蓝色鳞,反面亚外缘有1列淡黄色斑点。雌蝶多型,常见型前翅浅灰色,翅脉黑色,各翅室有黑色条纹,翅基部及外缘黑色,后翅黑色,中域有2~5枚白斑,臀区有条形红斑,亚外缘有新月形红斑。有的型后翅白斑为带状,模拟雄蝶;有的型则后翅无白斑。属最常见的凤蝶之一,成虫喜访花,以蛹越冬。

　　寄主:柑橘属(*Citrus* spp.)的多种植物。

7. 蓝凤蝶 *Papilio protenor* Cramer，[1775]

　　体黑色,翅黑色有天鹅绒光泽,后翅反面外缘上部和靠近臀角的地方有3枚新月形红斑,臀角有1枚环状红斑。指名亚种无尾突。雌雄异型,雄蝶后翅正面前缘有1枚白色长斑,雌蝶后翅正面中部有较多的蓝绿色鳞,以蛹越冬。

　　寄主:芸香科(Rutaceae)的柑橘(*Citrus reticulata*)、竹叶椒(*Zanthoxylum armatum*)等植物。

8. 美姝凤蝶 *Papilio macilentus* **Janson**，1877

翅型狭长,具较长的尾突,后翅反面外缘及亚外缘有新月形或飞鸟形的红斑,臀角有环状红斑。雌雄异型,雄蝶翅黑色,后翅正面前缘有1枚白色长斑;雌蝶翅灰色,前翅沿翅脉和各翅室有黑色条纹。春型个体较小,成虫飞行缓慢,喜访花、吸水,以蛹越冬。

寄主:枳(*Poncirus trifoliata*)、花椒属(*Zanthoxylum* spp.)等植物。

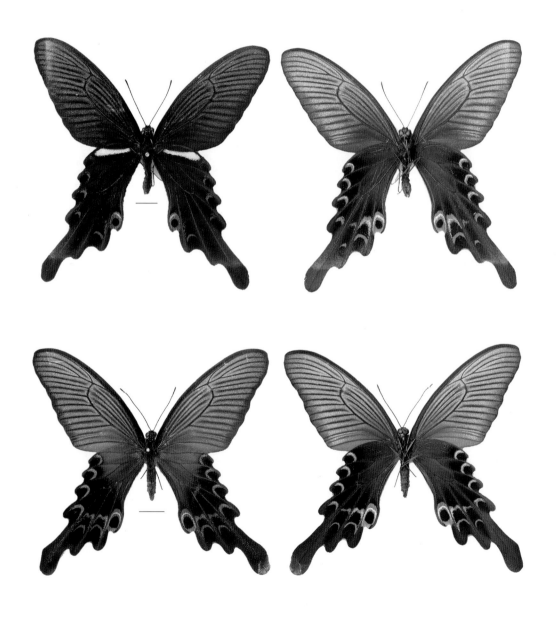

9. 玉斑凤蝶 *Papilio helenus* Linnaeus，1758

翅黑色，较阔，前翅顶角略突出。后翅前缘及中域有相连的3枚白斑，反面亚外缘有新月形红斑，靠近臀角处有2枚环形红斑，以蛹越冬。

寄主: 柑橘属(*Citrus* spp.)的多种植物。

10. 柑橘凤蝶 *Papilio xuthus* Linnaeus，1767

　　体黑色，体侧、腹部腹面黄白色。翅白色偏绿或偏黄，各翅脉附近形成黑色条纹，翅外缘和亚外缘有2条黑带，并在亚外缘形成1列淡色新月形斑。前翅中室内有数条放射装黑线，R_4及R_5室内有2枚黑点，Cu_2室有1条从基部伸出的纵带，后翅亚外缘的黑带上分布有蓝色鳞片，臀角处常有橙色斑，其上有1枚黑点，但春型该黑点可能退化，夏型后翅前缘有1枚黑斑。反面颜色稍淡，后翅亚外缘区蓝色斑明显，内侧有橙色斑，其余同正面。最常见的凤蝶之一，喜访花，以蛹越冬。

　　寄主：柑橘属(*Citrus* spp.)、花椒属(*Zanthoxylum* spp.)的多种植物。

11. 金凤蝶 *Papilio machaon* Linnaeus，1758

　　体黑色,体侧、腹部腹面黄色。翅黄色,各翅脉附近形成黑色条纹,翅外缘和亚外缘有2条黑带,并在亚外缘形成1列新月形黄斑。前翅基部黑色,其上散布着黄色鳞片,中室中部和端部有2条短黑带。后翅中室端有1枚钩状黑斑,亚外缘黑带处分布蓝色鳞片,臀角处有1枚红色圆斑。反面色稍淡,后翅亚外缘区蓝色斑明显,内侧在 M_3 和 M_4 室有橙红色斑,其余同正面。分布最广的凤蝶之一,多见于田野、丘陵和山地,高海拔地区也有分布,喜吸食花蜜,以蛹越冬。

　　寄主:伞形科(Umbelliferae)的茴香(*Foeniculum vulgare*)等植物。

12. 碧凤蝶 *Papilio bianor* Cramer，1777

翅黑色，散布黄绿色和蓝绿色鳞片，后翅正面亚外缘有1列蓝色和红色弯月形斑。雄蝶前翅正面 Cu_2 至 M_3 室有性标，春型性标志较稀疏。后翅尾突沿翅脉分布一定宽度的蓝绿色鳞，夏型较集中，春型整个尾突都布满蓝绿色鳞。反面前翅有灰白色宽带，由后角向前缘逐渐加宽，后翅内缘区及中域分布白色鳞片，亚外缘有1列弯月形或飞鸟形红斑。常见访花、吸水或沿山路飞行，以蛹越冬。

寄主： 臭檀吴萸（*Evodia daniellii*）、竹叶椒（*Zanthoxylum armatum*）等植物。

13. 绿带翠凤蝶 *Papilio maackii* Ménétriés，1859

　　景区内分布的为南方型,十分接近碧凤蝶,但可从以下几方面区别:前翅顶角较突出;雄蝶性标更为发达;两性后翅外中域绿色鳞片较密集,形成不明显的绿带;该绿带外侧至亚外缘红斑之间为黑色区域,几乎无绿色鳞片分布;后翅尾突通常较碧凤蝶细,其上绿色鳞片沿翅脉集中分布;后翅反面亚外缘红斑多为矩形或梯形,而较少呈飞鸟形。常见访花、吸水或沿山路飞行,以蛹越冬。

　　寄主:黄檗(*Phellodendron amurense*)、臭檀吴萸(*Evodia daniellii*)等植物。

14. 穹翠凤蝶 *Papilio dialis* Leech，1893

外形较接近碧凤蝶,但可据以下几方面鉴别:正面分布草黄绿色鳞片而非翠绿色鳞片,较素雅;雄蝶前翅性标为条状,各处等宽,不同翅室内性标互相独立不相连;前翅反面各室内均有灰白色鳞片,翅基部黑色区域较小;后翅反面白色鳞只分布在内缘区而不扩散至中域;亚外缘红斑发达,呈飞鸟形,臀角为环形红斑。成虫喜欢吸水或沿山路飞行,较为少见,以蛹越冬。

寄主:吴茱萸(*Evodia rutaecarpa*)等植物。

1.1.6 宽尾凤蝶属 *Agehana* Matsumura, 1936

15. 宽尾凤蝶 *Agehana elwesi* Leech, 1889

　　属大型凤蝶,体翅黑色,翅面散布黄色或灰白色鳞,后翅外缘波状,波谷红色,外缘区有6枚弯月形红斑,后翅中域灰色,白斑型为白色。尾突宽大,呈靴形,进入2条翅脉。常见在高空或峭壁翱翔,也在低海拔地区吸水,一年发生2代,以蛹越冬。

　　寄主:厚朴(*Magnolia officinalis*)等植物。

1.1.7　青凤蝶属 *Graphium* Scopoli，1777

16. 青凤蝶 *Graphium sarpedon*（Linnaeus，1758）

无尾突,翅黑色,前翅有1列青色方形斑,从顶角到后缘逐渐加宽,中室内一般不进入青色斑,据此将其与其他种类区分,但春型个体偶尔会出现中室斑。后翅中域也有1条青带,但斑带型个体只保留前缘的白色斑及下方的1枚很小的青斑,亚外缘有1列新月形青斑。反面后翅基部有1条红色短线,外中域至内缘有数枚红色斑纹,其他与正面相似。雄蝶后翅内缘褶内有灰白色的发香鳞。飞行迅速,常见访花、吸水或在树冠处飞行,以蛹越冬。

寄主:樟科(Lauraceae)的樟(*Cinnamomum camphora*)等植物。

17. 黎氏青凤蝶 *Graphium leechi* (Rothschild，1895)

无尾突,翅黑色,前翅亚外缘、中域及中室有3列白色或淡青色斑,亚外缘斑圆形,中域斑列为条形,向后缘逐渐加宽,中室内有5条白色端横纹。后翅基部及中域有5条长短不一的条纹,亚外缘有1列白色或淡青色斑。反面后翅基角有1个橙色斑,外中域至内缘有4个橙色斑,其他与正面类似。成虫常见访花或吸水,以蛹越冬。

寄主:木兰科(Magnoliaceae)的鹅掌楸(*Liriodendron chinense*)。

18. 碎斑青凤蝶 *Graphium chironides*（Honrath，1819）

　　与黎氏青凤蝶较近似，其正面颜色更青，反面后翅基部有1枚黄色斑，偶尔也会有小的橙色斑，而黎氏青凤蝶此斑近基部为淡青色，其余部分为橙色。比较稳定的特征在于前翅后缘的2枚青斑长度不超过所在翅室的一半，后翅前缘 $Sc+R_1$ 室斑较短而宽。成虫常见访花或吸水，以蛹越冬。

　　寄主:木兰科（Magnoliaceae）植物。

19. 宽带青凤蝶 *Graphium cloanthus* (Westwood, 1841)

　　个体较大,翅黑色,前翅中域由1列矩形斑组成青色宽带,由顶角向后缘逐渐加宽,中室内进入2枚青斑,后翅基半部有1条倾斜的青色宽带,亚外缘有1列青色斑,尾突细。前翅反面外缘有1条浅色线,后翅基部以及外中域至臀角有红色斑,其他与正面相似。宽带型个体前后翅中带加宽,超过翅宽的一半,颜色稍浅。成虫常沿山路飞行或吸水,以蛹越冬。

　　寄主:樟科(Lauraceae)的华东楠(*Machilus leptophylla*)等。

20. 升天剑凤蝶 *Graphium eurous*（Leech，1893）

体黑色，有灰白毛，腹面灰白色。翅白色，前翅有10条黑色斜带，基部的2条从前缘到达后缘，中间5条从前缘到达中室后缘，外侧的3条到达后角。后翅有5条从臀角至前缘的黑色斜纹，臀区及尾突黑色，臀角有2枚橙黄色斑，尾突基部处有3枚蓝色短斑，尾突细长，末端白色。反面色稍浅，后翅中部两条黑线间有时会有微弱的金黄色条状斑，也可能消失，其余类似正面。成虫在春季发生1代，常见于水边飞行或访花，以蛹越冬。

寄主：樟科（Lauraceae）的新木姜子（*Neolitsea aurata*）。

1.2　绢蝶亚科 Parnassiinae

1.2.1　丝带凤蝶属 *Sericinus* Westwood，1851

21. 丝带凤蝶 *Sericinus montelus* Gray，1853

　　景区产为华东型。雌雄异型,雄蝶翅黄白色,前翅翅基部、前缘、顶角黑色,中室中部和端部有黑斑,中室下方和外侧有不规则的黑带,后翅外中域有1条黑色横带,与臀区黑斑相连,黑斑内有红色横斑,红斑下方有蓝斑,中室内有1枚黑斑,尾突细长;反面与正面相似。雌蝶比雄蝶正反面黑斑更为发达。本种春型个体较小,正反面黑斑较退化,雄蝶后翅中室内无斑纹。分布很广,一年发生多代,数量较多,常见于丘陵或荒草地,飞行缓慢飘逸,以蛹越冬。

　　寄主:马兜铃科(Aristolochiaceae)的马兜铃(*Aristolochia debilis*)。

1.2.2 绢蝶属 *Parnassius* Latreille，1804

22. 冰清绢蝶 *Parnassius citrinarius* Motschulsky，1866

翅白色，翅脉灰黑色，前翅中室内及中室端部通常各有1枚灰黑色横斑，亚外缘及外缘有不明显的灰色带，后翅内缘区黑色，反面与正面相似。较近似白绢蝶 *Parnassius stubbendorfii*，但身体覆盖有黄色毛，雌蝶臀袋较小。在春季或初夏发生1代，多在低海拔山地活动，飞行缓慢，以卵越冬。

寄主：延胡索（*Corydalis yanhusuo*）等植物。

2 粉蝶科 Pieridae

成虫 中等大小的蝴蝶,色彩较素淡,多数种类为白色或黄色,少数种类为红色或橙色,有黑色斑纹,前翅顶角常为黑色。头小;触角端部膨大,明显呈锤状;下唇须发达。两性的前足均发达,有步行作用;有两分叉的两爪。前翅通常呈三角形,有的顶角尖出,有的呈圆形;R脉3或4条,极少有5条的,基部多合并;A脉1条。后翅卵圆形,无尾突;A脉2条。中室均为闭式。不同属的雄的发香鳞分布于不同的部位:前翅Cu的基部、后翅基角、中室基部或腹部末端。不少种类呈性二型,也有季节型。成虫需补充营养,喜吸食花蜜,或在潮湿地区、浅水滩边吸水。多数种类以蛹越冬,少数种类以成虫越冬。有些种类喜群栖。

卵 炮弹形或宝塔形,长而直立,上端较细,精孔区在顶端;卵的周围有长的纵脊线和短的横脊线,单产或成堆产在寄主植物上。

幼虫 圆柱形,细长,胸部和腹部的每一节由横皱纹划分为许多环,环上分布有小突起及次生毛;颜色单纯,绿或黄色,有时有黄色或白色纵线。

蛹 缢蛹,头部有一尖锐的突出,体的前半段粗,多棱角,后半段瘦削;上唇分3瓣;喙到达翅芽的末端。化蛹地点多在寄主的枝干上,拟似枝丫,有保护色,随化蛹的环境而呈现不同颜色。

寄主 主要为十字花科(Cruciferae)、豆科(Leguminosae)、山柑科(Capparaceae)、蔷薇科(Rosaceae)植物,有的取食蔬菜或果树。

分布 全国均有分布。

2.1 黄粉蝶亚科 Coliadinae

2.1.1 豆粉蝶属 *Colias* Fabricius,1807

1. 东亚豆粉蝶 *Colias poliographus* Motschulsky,1860

体黑色,头部及胸前部有红褐色绒毛。前翅外缘黑带约占翅面的1/3,内有淡色斑列,中室端部有1枚黑斑,翅基部有黑色鳞;后翅外缘在翅脉末端处有1列黑斑,亚外缘有1列不明显的黑色斑纹,中室端有1枚橙色斑。前翅反面中室端有1枚黑斑,亚外缘有1列黑点;后翅反面暗黄色,中室端斑银白色边缘饰以红线,亚外缘有1列暗色点。雄蝶翅色常见为黄色,雌蝶的多为白色,有时也有黄色型出现。本种曾经长期作为斑缘豆粉蝶 *Colias erate* 的亚种,其地位有待进一步研究,与后者的区别为前翅外缘黑带内有黄色斑(但偶尔也会有极少黑缘个体出现)。为最常见的豆粉蝶,常见于农田、荒草地、城市绿化带。

寄主: 豆科(Leguminosae)的白车轴草(*Trifolium repens*)、广布野豌豆(*Vicia lilacina*)等植物。

2. 橙黄豆粉蝶 *Colias fieldii* Ménétriēs，1855

雌雄异型。翅橙红色，前后翅缘毛粉红色，外缘有黑色宽带。雌蝶在黑带内有1列橙黄色斑纹，雄蝶则无；前翅中室端有1枚黑斑，后翅中室端有1枚橙黄色斑；反面颜色稍淡，前翅亚外缘有1列黑点，中室端斑内有白点，后翅中室端斑银白色边缘饰以粉红色线，数量稀少，以蛹越冬。

寄主：豆科（Leguminosae）的白车轴草（*Trifolium repens*）等植物。

2.1.2　黄粉蝶属 *Eurema* Hübner, [1819]

3. 北黄粉蝶 *Eurema mandarina* de l'Orza, 1869

翅黄色,正面前翅外缘有黑色带,其内侧在 M_3 脉和 Cu_1 脉处向外凹入,夏型该带较宽,秋型较窄或消失,仅顶角处黑色;后翅外缘有较窄的黑带,秋型退化为脉端的黑点;翅反面色稍淡,无黑色带,但分布有褐色的小斑点、条纹或暗纹。较近似檗黄粉蝶 *Eurema blanda* 和安迪黄粉蝶 *Eurema andersoni*,但后翅 M_3 室略突出,前翅反面中室内有2枚褐色斑纹。与宽边黄粉蝶 *Eurema hecabe* 极为相似,但前翅缘毛为黄色而非褐色,且本种秋型黑边退化为脉端黑点。为最常见的黄粉蝶,飞行较慢,喜访花,以成虫越冬。

寄主:黄槐(*Cassia surattensis*)等植物。

4. 尖角黄粉蝶 *Eurema laeta*（Boisduval，1836）

翅黄色，正面前翅外缘有黑色带，由前缘向后变窄，止于 Cu_2 脉或 Cu_1 脉；后翅外缘有细黑带，或退化为脉端的黑点；反面无黑色带，秋型后翅中部有暗红褐色的横带，夏型不明显；前翅顶角秋型较夏型更尖锐。发生期长，但数量不多，多在秋季见到。

寄主：豆科（Leguminosae）的大豆（*Glycine max*）、紫苜蓿（*Medicago sativa*）等植物。

2.1.3 钩粉蝶属 *Gonepteryx* Leach，[1815]

5. 浅色钩粉蝶 *Gonepteryx aspasia* Gistel，1857

安徽分布的亚种为 ssp. *acuminata*。较近似钩粉蝶 *Gonepteryx rhamni*，但前翅前缘较弯，顶角更为尖锐。与圆翅钩粉蝶区别为：个体较小，前翅顶角及后翅尖角更加尖锐，后翅 Rs 脉不膨大，雌蝶为淡青白色。喜访花，以成虫越冬。

寄主：鼠李属（*Rhamnus* spp.）植物。

6. 圆翅钩粉蝶 *Gonepteryx amintha* Blanchard，1871

雄蝶前翅黄色或橙黄色，外缘和前缘有红褐色脉端点；后翅黄色，外缘有脉端点，Rs脉明显膨大；前后翅中室端均有暗红色圆斑；雌蝶淡黄白色。喜访花，也见吸水，以成虫越冬。

寄主：鼠李属（*Rhamnus* spp.）植物。

2.2 粉蝶亚科 Pierinae

2.2.1 粉蝶属 *Pieris* Schrank，[1801]

7. 菜粉蝶 *Pieris rapae*（Linnaeus，1758）

　　翅白色，前后翅基部散布黑色鳞，前翅顶角黑色，外中域有2枚黑斑，后面1枚有时模糊，后翅前缘有1枚黑斑；前翅反面类似正面，但顶角为浅灰黄色，后翅反面为白色或浅灰黄色。雌蝶翅面斑纹常比雄蝶发达。早春发生的个体翅型稍狭长，正面黑斑常退化，仅前翅顶角、前缘和前后翅基部黑色。为最常见、分布最广的粉蝶之一，发生期很长，随处可见，以蛹越冬。

　　寄主：十字花科（Cruciferae）蔬菜。

8. 东方菜粉蝶 *Pieris canidia*（Linnaeus, 1768）

个体大于菜粉蝶,也有较小的个体,翅白色,前后翅基部散布黑色鳞;前翅前缘黑色,顶角黑斑与外缘的黑色斑点相连,外中域有2枚黑斑,后面1枚有时模糊;后翅前缘有1枚较大的黑斑,外缘有数枚小黑斑。雌蝶翅面斑纹通常比雄蝶发达。早春发生的个体翅型稍狭长,雄蝶正面黑斑常退化,外缘黑斑列退化为微点,以蛹越冬。

寄主:十字花科(Cruciferae)蔬菜。

9. 华东黑纹粉蝶 *Pieris latouchei* Mell, 1939

Pieris melete 分布于日本及东北亚(Eitschberger,1993),我国西南分布的种类为 *Pieris erutae*,而华东的种类则为 *Pieris latouchei* (Tadokoro et al.,2014)。个体较大,但也会有小的个体。翅白色,翅脉黑色,前翅顶角黑色,外中域有2枚黑色斑;后翅前缘有1枚黑斑,后翅黑纹在外缘脉端有时膨大;反面后翅及前翅顶角为淡黄色,后翅肩区常有1枚黄色斑。雌蝶斑纹发达,各翅脉有粗黑纹;雄蝶一般仅翅脉为黑色,不向两侧扩散。春型翅型稍狭长,反面各翅脉附近灰褐色脉纹较发达,雄蝶正面除顶角外黑斑常完全退化。飞行缓慢,常见于林间开阔地,平原地区少见,以蛹越冬。

寄主:十字花科(Cruciferae)的碎米荠(*Cardamine hirsuta*)等植物。

2.2.4 襟粉蝶属 *Anthocharis* Boisduval, 1833

10. 黄尖襟粉蝶 *Anthocharis scolymus* Butler，1866

　　翅白色,前翅中室端有1枚黑斑,顶角尖出,有3枚黑斑;雄蝶其中有1枚橙黄色斑,雌蝶则无;反面前翅顶角斑为灰绿色,后翅布满不规则的灰绿色密纹,亚外缘区色淡。春季发生1代,数量较多,以蛹越冬。

　　寄主:十字花科(Cruciferae)的弹裂碎米荠(*Cardamine impatiens*)等植物。

11. 橙翅襟粉蝶 *Anthocharis bambusarum* Oberthür，1876

　　雄蝶前翅橙色，雌蝶白色；顶角较圆润，有灰黑色斑；中室端有1枚黑斑，翅基部黑色；后翅正面白色，有灰色暗纹，反面布满墨绿色云状斑纹。春季发生1代，常访花，以蛹越冬。

　　寄主：十字花科（Cruciferae）的弹裂碎米荠（*Cardamine impatiens*）等植物。

3 蛱蝶科 Nymphalidae

成虫 为蝶类中最大的科,包括很多中型或大型的蝴蝶。少数为小形美丽的蝴蝶,翅形和色斑的变化较大。少数种类有性二型,有的呈现季节型,极少数种类模拟斑蝶。

复眼裸出或有毛,下唇须粗;触角长,上有鳞片,端部呈明显的锤。前足退化,缩在胸部下已失去作用;跗节雌蝶4~5节,有时略膨大,雄蝶1~2节,均无爪。前翅中室形式或闭式,R脉5条,基部多在中室顶角外合并,A脉1条;后翅中室通常开式,A脉2条。

喜在日光下活动,飞行迅速,行动敏捷。有的在休息时翅不停地扇动;有的飞行力强,常在叶上将翅展开。多数种类在低地可见。

卵 呈多种形状,如半圆球形、馒头形、香瓜形或钵形,多数有明显的纵脊,或有横脊,有的呈多角形雕纹;散产或成堆。

幼虫 头上常有突起,有时突起大,呈角状;体节上有棘刺。腹足趾钩中列式,1~3序。有的有吐丝结网、群栖等习性。

蛹 悬蛹,颜色变化很大,有时有金色或银色的斑点,头常分叉,体背有不同的突起,上唇3瓣;喙不超过翅芽的末端。

寄主 多为堇菜科(Violaceae)、忍冬科(Caprifoliaceae)、杨柳科(Salicaceae)、桑科(Moraceae)、榆科(Ulmaceae)、爵床科(Acanthaceae)等,主要为害林木和各种经济植物。

3.1 喙蝶亚科 Libytheinae

3.1.1 喙蝶属 *Libythea* Fabricius，[1807]

1. 朴喙蝶 *Libythea lepita* Moore，[1858]

据 Kawahara（2006）描述，东亚及印度产的 *Libythea lepita* 应独立于 *Libythea celtis*。下唇须长，翅黑褐色，前翅顶角突出，亚顶角有 3 枚小白斑；中室内有 1 条红褐色纵斑，外中域有 1 枚红褐色圆斑；后翅外缘锯齿状，有 1 条红褐色中横带。反面前翅顶区及后翅为不均匀的灰褐色。成虫寿命很长，常见于林区开阔地，喜吸水，以成虫越冬。

寄主：榆科（Ulmaceae）的朴树（*Celtis sinensis*）。

3.2 眼蝶亚科 Satyrinae

3.2.1 黛眼蝶属 Lethe Hübner，[1819]

2. 黛眼蝶 *Lethe dura*（Marshall，1882）

　　翅正面黑色,外缘棕褐色;后翅亚外缘有一模糊的棕褐色带,上有1列黑斑;反面棕褐色;前翅中室端半部具1枚淡紫色横斑,外中带淡紫色;亚顶角有1枚淡色小斑,亚外缘 M_1 室及 M_2 室各有1枚小眼斑;后翅亚基部有数枚淡紫色线纹,具淡紫色中带,边缘较清晰,其外侧有模糊的深棕褐色带,亚外缘有1列眼斑,具淡紫色外环,亚外缘线淡蓝紫色。

　　寄主:禾本科(Gramineae)的竹类。

3. 曲纹黛眼蝶 *Lethe chandica*（Moore，[1858]）

雄蝶翅正面黑色，边缘略带棕色，后翅外缘在 M_3 脉处突出；反面棕灰色；前翅中室中部有2枚距离很近的棕色横线，外侧1枚较倾斜，内侧1枚延伸至 Cu_2 室基半部；横线外部有浅灰白色鳞区，外中线深棕褐色，在 M_3 脉上方向内偏折；亚外缘 Cu_2 室至 R_5 室有1列小眼斑，眼斑附近有浅灰白色鳞区；前翅具模糊的暗色亚外缘带及棕褐色外缘线；后翅基半部有1条棕色内中线，其外侧具浅灰白色鳞区；中室端脉有一棕色线纹，棕色的外中线较曲折，在 M_3 脉上方向内偏折，在 Rs 脉处略向内凹入；M_1 脉下方外中线内侧具深棕色阴影区，亚外缘有1列眼斑，具白色瞳点，外缘线棕褐色，其内缘有1列浅灰白色斑。雌蝶正面棕红色，前翅亚顶角 R_5 室有1枚小白斑，前缘中部至 M_3 室中部有一倾斜白带，其内侧有一深棕色区域，Cu_1 室中部有1枚小白斑；后翅亚外缘有1列深棕色斑。雌蝶反面与雄蝶相似，但前翅外中线内侧有深棕色阴影区，外侧具一白带。

寄主：禾本科（Gramineae）的箬竹（*Indocalamus tessellatus*）、刚莠竹（*Microstegium ciliatum*）。

4. 连纹黛眼蝶 *Lethe syrcis*（Hewitson，[1863]）

翅正面灰褐色,后翅外缘在 M_3 脉处略突出,斑纹深灰褐色;前翅具模糊的外中带及亚外缘带,后翅亚外缘有 1 列圆斑,具模糊的浅黄褐色外环;眼斑外侧区域深灰褐色,具浅黄褐色亚外缘线及外缘线。反面浅黄褐色,前后翅均有灰褐色内中线、中室端线、外中线及亚外缘带,外缘线深褐色,后翅内中线与外中线在臀角内侧相连,外中线在 M_3 脉上方向内偏折,在 Rs 脉处略向内凹入,亚外缘有 1 列黑色眼斑,具白色瞳点及淡黄色眶,其中 Rs 室及 Cu_1 室眼斑较大,Cu_2 室 2 枚小眼斑具公共的淡黄色眶。

寄主:禾本科(Gramineae)的毛竹(*Phyllostachys heterocycla*)。

5. 蛇神黛眼蝶 *Lethe satyrina* Butler，1871

　　正面黑色，具模糊的浅色亚外缘线及外缘线；反面黑褐色，前翅亚顶角近前缘处有1枚模糊的淡色斜斑，亚外缘具数枚小眼斑；后翅亚外缘有1列黑色眼斑，具白色瞳点、淡黄色眶以及淡紫色外环，其中Rs室及Cu_1室2枚眼斑较大，内中线及外中线淡紫色，外中线在M_3脉上方向内偏折，在Rs脉处略向内凹入，前后翅具淡色亚外缘线及外缘线。

　　寄主：禾本科（Gramineae）的竹亚科（Bambusoideae）植物。

6. 苔娜黛眼蝶 *Lethe diana*（Butler，1866）

翅正面黑褐色，斑纹不清晰。反面深褐色，前翅中室中部有1枚黑褐色横纹，内中线从中室外半部延伸至Cu_2室，外中线略呈弧形，其外侧亚顶角附近有1枚模糊的淡色斑，亚外缘有1列眼斑，具淡紫色外环，亚外缘线浅褐色。雄蝶前翅后缘具性标；后翅具黑褐色内中线、中室端线及外中线，外中线在M_3脉上方向内偏折，在Rs脉处略向内凹入，亚外缘有1列黑色眼斑，具白色瞳点、淡黄色眶以及淡紫色外环，其中Rs室及Cu_1室2枚眼斑较大，亚外缘线淡紫色，前后翅外缘线浅褐色。

寄主：禾本科（Gramineae）的竹亚科（Bambusoideae）植物。

7. 宽带黛眼蝶[①] *Lethe naga helena* Leech，1891

　　雄蝶翅正面黑褐色,斑纹模糊不清;反面深棕褐色,前翅中室端半部及端部各有1枚深褐色横纹;外中带外侧为颜色稍浅的棕褐色区域,亚外缘有1列眼斑,具模糊的灰白色外环;后翅具深褐色内中线、中室端线及外中线,外中线在M_3脉上方向内偏折,在Rs室略向内凹入,亚外缘有1列黑色眼斑,具白色瞳点、淡黄色眶及灰白色外环,前后翅具灰白色亚外缘线及外缘线,其中亚外缘线略宽。

　　寄主:禾本科(Gramineae)的竹亚科(Bambusoideae)植物。

_____

① 本种蝴蝶为安徽省新纪录。

3.2.2 荫眼蝶属 *Neope* Moore，[1866]

8. 蒙链荫眼蝶 *Neope muirheadi*（Felder et Felder，1862）

翅正面深灰褐色，后翅亚外缘有1列黑褐色斑点，外缘在M_3脉处突出；反面灰褐色；前翅中室及端部各有1枚暗黄褐色斑，其中中部1枚两侧具深灰褐色线纹；后翅基部附近有数枚暗黄褐色斑点，具深灰褐色的不规则的亚基线；前后翅具很窄的白色外中带，亚外缘有1列眼斑，具深灰褐色亚外缘线及外缘线。春型个体正面亚缘斑列明显，反面后翅白色外中带退化，前翅白色外中带退化或很窄。

寄主：禾本科（Gramineae）的刚莠竹（*Microstegium ciliatum*）。

9. 黄荫眼蝶 *Neope contrasta* Mell，1923

翅正面暗黄褐色,具深褐色亚外缘斑列;后翅各斑具浅黄褐色环,外缘在 M_3 脉处略突出。反面黄褐色,外中区至亚外缘有一深黄褐色区域;或反面灰褐色具淡紫色光泽,外中区至亚外缘有一深褐色区域。前后翅亚基部具数枚深褐色线圈,中域有模糊的深褐色带,外中区至亚外缘有1列微小的黑色眼斑,具白色瞳点,外中带退化,非常模糊,仅在前翅前缘附近有1枚浅灰白色小斑。仅春季发生1代,常见吸水。

10. 布莱荫眼蝶 *Neope bremeri*（Felder et Felder，1862）

翅正面黑褐色，外中区至亚外缘具1列淡黄色斑，被中部的黑色圆斑分为两半；后翅外缘在M_3脉处略突出；反面浅灰褐色，具深褐色外缘线及亚外缘带；外中区有1列黑色眼斑，具白色瞳点及淡黄色眶，眼斑列两侧具模糊的灰白色鳞带，深褐色外中线较曲折，基半部具数枚不规则的深褐色线纹；后翅中室端有1枚黑褐色斑点。春型个体正面黄斑稍发达，前翅具1枚淡黄色中室端斑；反面前翅外中区有1列淡黄色斑，眼斑位于其上，中室内有数枚淡黄色横斑；后翅眼斑较退化，外中线与内中线之间区域颜色较深。

寄主：禾本科（Gramineae）的芒（*Miscanthus sinensis*）及竹亚科（Bambusoideae）植物。

11. 黑荫眼蝶 *Neope serica*（Leech，1892）

翅正面黑褐色,前翅亚顶角有1枚浅色小斑,后翅外缘在 M_3 脉处略突出。反面深灰褐色,具黑褐色外缘线;外中区有1列黑色眼斑,具灰褐色眶,眼斑列两侧有浅灰色鳞带;前翅外中带黑褐色,在 M_1 室上方向内偏折,在 Cu_1 室下方向外偏折,中室内有数枚黑褐色横斑;后翅外中线和内中线之间有不清晰的暗褐色线纹,亚基部有3枚黑褐色斑。曾作为丝链荫眼蝶 *Neope yama* 的亚种,Sugiyama 在1994年将其提升为种。

寄主:禾本科(Gramineae)的竹亚科(Bambusoideae sp.)植物。

3.2.3 丽眼蝶属 *Mandarinia* Leech，[1892]

12. 蓝斑丽眼蝶 *Mandarinia regalis*（Leech，1889）

　　雄蝶翅正面黑褐色，前翅从近前缘至后角有1条很宽的深蓝色闪光带，后翅近基部具性标；反面深棕褐色，前后翅亚外缘各有1列眼斑，内侧有白色细带，前后翅具浅色亚外缘线及外缘线。雌蝶正面蓝带较细且弯曲，反面与雄蝶相似。常见于小溪旁的枝头，飞行迅速。

　　寄主：天南星科（Araceae）的石菖蒲（*Acorus tatarinowii*）。

3.2.4 眉眼蝶属 *Mycalesis* Hübner，1818

13. 稻眉眼蝶 *Mycalesis gotama* Moore，1857

　　翅正面深灰褐色，前翅亚外缘有上小下大2枚黑色眼斑，具白瞳及不清晰的环；反面灰褐色，亚基部具暗褐色横纹，外中带白色，内侧具暗褐色边勾勒，亚外缘有1列黑色眼斑，具白色瞳点及淡黄色眶，其中前翅Cu_1室及后翅Cu_1室眼斑较大，前翅M_1室及后翅Rs室眼斑次之，前后翅具暗褐色波状亚外缘线及暗褐色外缘线。

　　寄　主：禾本科（Gramineae）的水稻（*Oryza sativa*）、甘蔗（*Saccharum officinarum*）、竹类等植物。

14. 拟稻眉眼蝶 *Mycalesis francisca*（Stoll，[1780]）

近似稻眉眼蝶,但翅正反面为深灰褐色,雄蝶正面前翅2A脉内中部及后翅近基部具性标。反面中带为淡紫色。低温型个体后翅眼斑较小。

寄主:禾本科(Gramineae)的水稻(*Oryza sativa*)、芒(*Miscanthus sinensis*)等。

15. 僧袈眉眼蝶 *Mycalesis sangaica* Butler，1877

翅正面黑褐色，前翅亚外缘 Cu_1 室有 1 枚黑色眼斑，具白色瞳点；雄蝶后翅近基部具性标。反面灰褐色，基半部具斑驳的鳞纹，中带白色，其内侧具深褐色边勾勒，亚外缘有 1 列黑色眼斑，具白色瞳点、淡黄色眶及公共的白色外环，后翅各眼斑的瞳点近似处在一条直线上，仅 Rs 室眼斑中心明显内移，前后翅具灰白色亚外缘线及外缘线。

寄主：禾本科（Gramineae）的芒（*Miscanthus sinensis*）等植物。

3.2.5　斑眼蝶属 *Penthema* Doubleday，[1848]

16. 白斑眼蝶 *Penthema adelma*（Felder et Felder，1862）

翅正面褐色，前翅中室端半部有1枚白斑，从前翅前缘中部至M_2室有一组小白斑，M_3室基部至Cu_2室端部有一组大白斑，其中Cu_1室白斑最宽，外中区Cu_1室至R_5室有1列白色小圆斑，其中Cu_1室小圆斑常与内侧大白斑愈合，亚外缘有1列小白斑；后翅亚外缘区从近前缘向后有1列逐渐变小的白斑，一般仅在$Sc+R_1$室至M_1室清晰可见。反面与正面相似，但后翅外中区有1列小白点，亚外缘各斑均可见，中域偶尔有模糊的白斑列。夏季发生1代。

寄主：禾本科（Gramineae）的毛竹（*Phyllostachys heterocycla*）等植物。

3.2.6 白眼蝶属 *Melanargia* Meigen，1828

17. 黑纱白眼蝶 *Melanargia lugens* Honrath，1888

翅正面白色，翅脉黑褐色；前翅外缘具黑褐色边，亚顶区及中室端外侧各有1条边界模糊的黑褐色带，向下延伸至 Cu_1 室，Cu_2 室至2A室具黑褐色带；后翅近基部、外中区至外缘各有一黑褐色区域，其中 M_1 室端半部具1枚白斑。反面白色，具黑褐色外缘线及亚外缘线；后翅有一黑褐色较细的曲折中横线，亚缘线波状，内侧具一黑褐色暗带，其上 Cu_2 室至 M_3 室及 M_1 室至 Rs 室均有眼斑，具蓝灰色瞳点，其余斑纹与正面相似。于夏季发生1代。

寄主：禾本科（Gramineae）的竹类等。

3.2.7 蛇眼蝶属 *Minois* Hübner，[1819]

18. 蛇眼蝶 *Minois dryas*（Scopoli，1763）

翅正面深灰褐色，前翅亚外缘 Cu_1 室及 M_1 室各有 1 枚黑色眼斑，具蓝色瞳点；后翅外缘波状，亚外缘 Cu_1 室有 1 枚黑色眼斑，具蓝色瞳点。反面灰褐色，具细密的鳞纹，前后翅亚外缘眼斑具黄色环，外侧有模糊的深色带，后翅有 1 条灰白色中带。

寄主：禾本科（Gramineae）的水稻（*Oryza sativa*）等植物。

3.2.8　矍眼蝶属 *Ypthima* Hübner，1818

19. 阿矍眼蝶 *Ypthima argus* Butler，1866

　　小型矍眼蝶。翅正面灰褐色,前翅亚顶角有1枚黑色眼斑,具2枚蓝白色瞳点及较弱的黄色环,眼斑位于一浅于底色的宽带中;后翅亚外缘 M_3 室及 Cu_1 室各有1枚黑色眼斑,具蓝白色瞳点及较弱的黄色环。反面密布灰白色鳞纹,前翅亚顶角有1枚黑色眼斑,具2枚蓝白色瞳点及淡黄色眶,后翅亚外缘 Cu_2 室至 M_3 室及 M_1 室至 Rs 室有6枚眼斑,具蓝白色瞳点及淡黄色眶,其中 Cu_2 室有2枚很小的眼斑,前后翅基半部、中部及前翅亚外缘各有一灰褐色暗带。非常近似于矍眼蝶,但前翅正面性标较弱。春型个体反面具一棕褐色中带,后翅眼斑趋于退化。以蛹越冬。

　　寄主:禾本科的结缕草(*Zoysia japonica*)等植物。

20. 密纹矍眼蝶 *Ypthima multistriata* Butler，1883

　　小型矍眼蝶。翅正面灰褐色，前翅亚顶角有 1 枚黑色眼斑，具 2 枚蓝白色瞳点，雌蝶具黄色环，雄蝶中域具黑色香鳞区；后翅亚外缘 Cu_1 室有 1 枚眼斑。反面密布灰白色鳞纹，前翅亚顶角有 1 枚黑色眼斑，具 2 枚蓝白色瞳点及淡黄色眶，后翅亚外缘 Cu_2 室、Cu_1 室及 M_1 室至 $Sc+R_1$ 室有 3 枚眼斑，具蓝白色瞳点及淡黄色眶，其中 Cu_2 室眼斑具 2 枚瞳点，前翅中部及前后翅亚外缘各有一灰褐色暗带。

　　寄主：禾本科（Gramineae）的棕叶狗尾草（*Setaria palmifolia*）等植物。

3.2.9　古眼蝶属 *Palaeonympha* Butler，1871

21. 古眼蝶 *Palaeonympha opalina* Butler，1871

　　翅正面褐色，前翅亚外缘 M_1 室及后翅亚外缘 Cu_1 室各有1枚黑色眼斑，具2枚银白色瞳点及黄色眶；后翅亚外缘 M_1 室有1枚模糊的深褐色圆斑，前后翅具深褐色中带、亚外缘线及外缘线。反面浅灰褐色，前翅眼斑与正面相似，其下方有3枚棕褐色斑；后翅亚外缘 Cu_2 室、Cu_1 室及 M_1 室各有1枚眼斑，M_3 室及 M_2 室有2枚棕褐色斑，中央具银白色点，前后翅中域具2条棕褐色横线，亚外缘及外缘各有1条深褐色线。

　　寄主：禾本科（Gramineae）的淡竹叶（*Lophatherum gracile*）等植物。

3.3　釉蛱蝶亚科 Heliconninae

3.3.1　珍蝶属 *Acraea* Fabricius，1807

22. 苎麻珍蝶 *Acraea issoria*（Hübner，[1819]）

翅较狭长,橙黄色,翅脉深色,外缘黑色带嵌有淡色斑点。雄蝶前翅有1枚黑色中室端斑,雌蝶在中室端斑内外各有1条黑色横斑,此外靠近后缘处有1枚黑斑。反面黑纹不如正面发达,后翅亚外缘有1条橙红色窄带。飞行缓慢,多见于林区光线好的地方,数量较多。一年发生3代,以幼虫越冬。

寄主:荨麻科(Urticaceae)的苎麻(*Boehmeria nivea*)。

3.3.2 豹蛱蝶属 *Argynnis* Fabricius，1807

23. 绿豹蛱蝶 *Argynnis paphia*（Linnaeus，1758）

雌雄异型。雄蝶正面橙黄色，前翅翅脉上有4条粗长的黑色性标；雌蝶翅正面为橙褐色或灰绿色，黑斑比雄蝶发达。前翅中室内有4条短纹，翅端部有3列黑色圆斑；后翅中部有1条不规则的波状横线，端部有3列圆斑。反面前翅有波状的中横线，端部有3列黑色圆斑，顶端部灰绿色；后翅灰绿色，有金属光泽，无黑斑，基部到中部有3条白色斜线，亚外缘有白色线及眼斑。多见于林区附近的开阔地带，喜访花。

寄主：堇菜科（Violaceae）的紫花地丁（*Viola philippica*）、长萼堇菜（*Viola inconspicua*）等植物。

24. 云豹蛱蝶 *Argynnis anadyomene*（Felder et Felder，1862）

　　翅橙黄色，前翅中室内有 3 个黑色纹，除基部外布满黑色圆斑，外缘斑呈菱形。雄蝶前翅 Cu_2 脉上有 1 条黑褐色性标，雌蝶前翅顶角附近有 1 枚小白斑。反面淡灰绿色，前翅顶角及外部的黑斑消失，后翅无黑斑，有扭曲的灰白色中带，外侧有数枚具白瞳的暗斑。常见于林区附近的开阔地带，喜访花。

　　寄主：堇菜科（Violaceae）植物。

25. 斐豹蛱蝶 *Argynnis hyperbius*（Linnaeus，1763）

雌雄异型。雄蝶翅橙黄色,后翅外缘黑色具蓝白色细弧纹,翅面布满黑色斑点;雌蝶个体较大,前翅端半部紫黑色,其中有1条白色斜带,其余与雄蝶相似。反面前翅顶角暗绿色有小斑;后翅斑纹暗绿色,亚外缘内侧有5个银白色小点,围有绿色环,中区斑列的内侧或外侧具黑线,此斑多近方形,基部有3个围有黑边的圆斑,中室内的一个有白点,另有数个不规则纹。最常见的豹蛱蝶之一,多见于开阔地带,喜访花。

寄主:堇菜科(Violaceae)堇菜属(*Viola* spp.)的多种植物。

26. 青豹蛱蝶 *Argynnis sagana*（Doubleday，[1847]）

雌雄异型。雄蝶翅橙黄色，前翅 M_3、Cu_1、Cu_2、2A 脉上各有 1 个黑色性标，中室内有 1 枚黑线围成的肾形斑，外侧另有 2 枚黑斑；后翅有一黑色中横线。前后翅外中区有 1 列黑色椭圆斑，外缘和亚外缘也各有 1 列黑斑。反面与正面相似，后翅反面中部有 1 条从前缘抵达后角的白色横带，外侧为淡青色区域，内侧有 2 条褐色线，在中室下方合并为 1 条。雌蝶翅青黑色，前翅端半部白斑组成 1 条斜带，中室和 Cu_1 室内侧各有 1 枚白斑，亚外缘白斑上有 2 列不规则的黑斑，在顶区处模糊，顶角附近有 1 枚小白斑；后翅有 1 条曲折的白色中带，中带至外缘有 3 列黑斑，最外面 2 列黑斑间为 1 列白斑。反面与正面相似，但色较浅，前翅黑斑较小，中室内有 1 枚黑线围成的肾形斑，外侧另有 2 枚黑斑，后翅中室内有 1 枚线状白斑，与上方 $Sc+R_1$ 室内白斑相连，中带外侧的黑斑退化消失。

寄主：堇菜科（Violaceae）的心叶堇菜（*Viola concordifolia*）等植物。

27. 老豹蛱蝶 *Argynnis laodice*（Pallas，1771）

　　雄蝶翅橙黄色，前翅 Cu_2、2A脉上各有1个黑色性标，中室内有1枚黑线围成的肾形斑，外侧另有2枚黑斑；后翅中室端有1枚黑斑。前后翅中带为1列曲折排列的黑斑，外中区、亚外缘及外缘各有1列黑斑。反面与青豹蛱蝶相似，但前翅中部黑斑发达，中室中部为一垂直前缘的黑色线纹，后翅基半部的2条红棕色线互相平行而不汇合。雌蝶与雄蝶相似，但前翅顶角附近有1枚小白斑。

　　寄主：堇菜科（Violaceae）的堇菜属（*Viola* spp.）植物。

3.4 蛱蝶亚科 Nymphalinae

3.4.1 琉璃蛱蝶属 *Kaniska* Moore，[1899]

28. 琉璃蛱蝶 *Kaniska canace*（Linnaeus，1763）

翅黑色，前翅 Cu_2 脉及 M_1 脉突出，后翅 M_3 脉突出。正面外中区有1条蓝紫色带，中室端外侧有1枚蓝紫色斜斑，外中带在前翅顶角附近为蓝白色。翅反面为斑驳的深色鳞纹，有1条宽阔的黑褐色中带，后翅中室端有1枚小白斑，以成虫越冬。

寄主：菝葜（*Smilax china*）等植物。

3.4.2 钩蛱蝶属 *Polygonia* Hübner，[1819]

29. 黄钩蛱蝶 *Polygonia c-aureum*（Linnaeus，1758）

夏型翅橙黄色，前翅 Cu_2 脉及 M_1 脉突出，后翅 M_3 脉突出，翅外缘较尖锐。正面前翅中室内通常有3枚黑斑，中室端有1枚黑色斜斑，外中区为1列呈"Z"形排列的黑斑；后翅基半部及外中区散布数枚黑斑，其中外中区黑斑上具蓝点，前后翅亚外缘有波状黑带。反面浅黄色，中带为深棕色的斑驳纹路，与正面各黑斑对应位置为深棕色的暗纹，后翅中室端有一钩状银白色小斑。秋型体型较小，翅色较深，反面为深红褐色，以成虫越冬。

寄主：葎草（*Humulus scandens*）等植物。

30. 白钩蛱蝶 *Polygonia c-album* (Linnaeus, 1758)

与黄钩蛱蝶较近似,个体稍小。但前翅中室基部无黑斑,前后翅外中区黑斑上无蓝点,翅外缘较圆滑;反面亚外缘有数枚小蓝绿色斑。夏型颜色稍浅,反面为橙黄色,有深褐色中带,秋型个体较小,颜色深,反面为灰色,有深灰色中带,以成虫越冬。

寄主:榆科(Ulmaceae)的榆树(*Ulmus pumila*)、朴树(*Celtis sinensis*),荨麻科(Urticaceae)的荨麻(*Urtica fissa*),杨柳科(Salicaceae)的柳树(*Salix babylonica*)等植物。

3.4.3 红蛱蝶属 *Vanessa* Fabricius，1807

31. 大红蛱蝶 *Vanessa indica*（Herbst，1794）

前翅顶角突出，端半部黑色，顶角附近有数枚小白斑，中室端外侧有3枚相连的白斑，基区及后缘为棕灰色，中部为1条宽阔的橙红色斜带，其上有3枚不规则的黑斑；后翅棕灰色，亚外缘橙红色，内侧及其上各有1列黑斑，臀角黑斑上有蓝灰色鳞片。前翅反面斑纹与正面相似，但顶角为棕绿色，有浅色的亚外缘线，中室端部有1条蓝线，后翅反面棕绿色，有深色斑块及白色细线，亚外缘有不明显的眼状斑纹及1列蓝灰色短条纹，以成虫越冬。

寄主：荨麻科（Urticaceae）的荨麻（*Urtica fissa*）、苎麻（*Boehmeria nivea*），榆科（Ulmaceae）的榆树（*Ulmus pumila*）等。

32. 小红蛱蝶 *Vanessa cardui*（Linnaeus，1758）

　　与大红蛱蝶略近似,但个体稍小,橙色斑较浅,前翅顶角突出不明显,Cu$_2$室内侧的橙色斑大;后翅正面橙色区抵达中室,亚外缘有椭圆形黑斑列。反面色更浅,后翅中室端有1枚近三角形的白斑,亚外缘眼状斑较明显,以成虫越冬。

　　寄主:榆科（Ulmaceae）的榆树（*Ulmus pumila*）,豆科（Leguminosae）的大豆（*Glycine max*）,菊科（Compositae）的艾（*Artemisia argyi*）等。

3.4.4　眼蛱蝶属 *Junonia* Hübner，[1819]

33. 翠蓝眼蛱蝶 *Junonia orithya*（Linnaeus，1758）

　　正面翅黑色，前翅中室内有 2 枚不明显的橙红色斑，饰以黑边，从中室端外侧至 Cu_1 室外缘有 1 条倾斜的白带，其内侧边界较曲折，Cu_1 室及 M_1 室各有 1 枚眼状斑，M_1 室眼状斑较小，其上侧有一白斑；后翅具蓝色光泽，亚外缘有 2 枚较大的眼状斑，前后翅亚外缘有 2 列条形白斑。夏型反面为暗黄色，前翅中室内有 3 枚橘色斑，饰以黑边，最外侧 1 枚向下延伸至 Cu_1 室基部，中室端外侧有 2 枚相连的不规则黑斑，亚外缘有 1 条黑线；后翅基半部有多条黄褐色波状线纹，外中带黄褐色；前后翅反面与正面对应位置有眼斑，但较弱，瞳点退化不清晰。秋型后翅及前翅顶区为灰褐色且眼斑消失。雌蝶通常正面眼斑更大，后翅蓝斑范围局限于外半部，不进入中室，或者无蓝斑。

　　寄主：爵床（*Rostellularia procumbens*）等植物。

34. 美眼蛱蝶 *Junonia almana*（Linnaeus，1758）

正面翅橙黄色,前翅中室内有2枚黑线围成的不规则斑纹,中室端有1枚黑斑,Cu_1室及M_1室各有1枚眼状斑,M_1室眼状斑较小,其上侧有一黑斑;后翅外中区上部有1枚大眼斑,Cu_1室有1枚小眼斑或者消失,前后翅亚外缘有2条波状黑线。夏型反面淡黄色,与正面斑纹相似,但前后翅有1条白色中带,基区有白色线状斑纹,后翅的大眼斑分为共环的2个。秋型前翅Cu_2脉及M_1脉突出,后翅外缘在M_3脉处形成1个钝角,臀角突出,翅反面棕色,中带很细,基区有1条黄色细线,以成虫越冬。

寄主:爵床科(Acanthaceae)的水蓑衣(*Hygrophila salicifolia*)、马蓝(*Strobilanthes cusia* Nees)等植物。

35. 钩翅眼蛱蝶[①] *Junonia iphita* Cramer

翅深褐色，斑纹黑褐色，外缘有3条波状线，中域自前翅前缘中部至后翅臀角有1条横带，其外侧有一列眼点，前翅的退化，后翅的尚可辨认。前翅 M_1 脉尖出成鸟喙状，后翅臀角突出似尾突，反面颜色较深，斑纹清楚。

寄主：爵床科（Acanthaceae）的水蓑衣（Hygrophila salicifolia）、马蓝（Strobilan-thes cusia Nees）等植物。

---

① 本种蝴蝶为安徽省新纪录。

3.4.5 蜘蛱蝶属 *Araschnia* Hübner，[1819]

36. 曲纹蜘蛱蝶 *Araschnia doris* Leech，[1892]

　　夏型翅正面黑褐色,前后翅亚基部具橙黄色条纹,中带黄白色,前翅中带在 R_5 室至 M_2 室为 3 枚紧挨的黄白色斑,在 M_3 室极狭窄,前后翅外中区至亚外缘区有一橙黄色区域,上有 2 列黑褐色斑。反面斑纹位置与正面相似,基半部翅脉、亚基部条纹、中带及外侧浅色区均为浅黄白色,浅色区上内列斑纹为棕褐色,具 1 列淡蓝紫色圆斑,外缘具浅黄白色线,后翅中带外缘黑褐色区域被浅黄白色带截断。春型个体正面前翅黑斑较弱,中带为橙黄色,与外侧橙黄色区域愈合,前后翅 Cu_1 室至 M_2 室中部有 1 列白色小圆点。反面后翅中带较细,中部有 1 列暗色斑,前后翅 M_2 室至 M_3 室具淡紫色光泽,以蛹越冬。

　　寄主:荨麻科(Urticaceae)的苎麻(*Boehmeria nivea*)。

3.5 螯蛱蝶亚科 Charaxinae

3.5.1 螯蛱蝶属 *Charaxes* Ochsenheimer, 1816

37. 白带螯蛱蝶 *Charaxes bernardus* (Fabricius, 1793)

正面翅橘红色,前翅顶角突出,通常有1条宽阔的白色中带,从后缘抵达 R_5 室,其内侧有黑线勾勒,外侧有波浪形黑线,与宽阔的黑边相连;后翅外缘在 M_3 脉处尖出,白带从 Rs 室开始弱化,亚外缘有1列黑斑,从前缘向臀角逐渐变窄,其上有白色斑点。反面棕灰色,从翅基向外有4条波状黑线,第二条内侧及第三条外侧有白边,第四条外侧有棕红色带,后翅亚外缘有1列小白点。雌蝶个体较大,翅面白斑通常较发达,后翅 M_3 脉突出更明显,以幼虫越冬。

寄主:樟科(Lauraceae)的樟(*Cinnamomum camphora*)。

3.5.2　尾蛱蝶属 *Polyura* Billberg，1820

38. 二尾蛱蝶 *Polyura narcaea*（Hewitson，1854）

　　翅淡绿色，前翅中室后脉有 1 条黑纹并沿 M_3 脉延伸至前翅中部，中室端脉黑斑与下方及前翅前缘的黑斑融合，前后翅外中带和亚外缘带黑色；后翅亚外缘带在 M_3 脉下方有蓝色带，后翅外缘在 M_3 脉及 Cu_1 脉处形成尾状突起，尾突黑色，中部有蓝斑，臀角处有 1 枚黄斑，后翅基部至臀角有 1 条灰色带。反面斑纹与正面相似，但为棕绿色带，有的饰以黑边，前翅中室有黑点，后翅亚外缘有 1 列黑点。宽带型（f. *narcaea*）正面黑色外中带和亚外缘带之间的淡绿色范围较大，连成一个宽带，而斑带型（f. *mandarinus*）则沿翅脉有黑斑，将淡绿色带分割成孤立的斑，且前翅基部灰色鳞片较多。通常宽带型发生较早，斑带型发生较晚，但也能同时观察到两种类型的个体，以蛹越冬。

　　寄主：含羞草科（Mimosoideae）的山槐（*Albizia kalkora*），豆科（*Leguminosae*）的黄檀属（*Dalbergia* sp.）。

3.6 闪蛱蝶亚科 Apaturinae

3.6.1 闪蛱蝶属 *Apatura* Fabricius，1807

39. 柳紫闪蛱蝶 *Apatura ilia*（Denis et Schiffermüller，1775）

棕色型翅棕黄色，雄蝶翅面具紫色反光，前翅中室内有4枚黑点，中室端外有3枚相连的浅色斑，顶角附近有2枚白斑，上方1枚较大，外中区有1列暗色斑，其中 M_3 室有1枚白点，Cu_1 室为1个眼状斑，Cu_1 室基部及其下方各有1枚浅色斑；后翅有1条浅黄白色中带，外中区有1列暗色斑，其中 Cu_1 室为1个眼状斑，中室内有1枚小黑点。反面为浅土黄色，斑纹与正面相似，但外中区的黑斑较退化，后翅仅保留暗褐色斑纹，前翅中域白斑内侧均有黑色阴影。黑色型个体翅面黑褐色，斑纹与棕色型类似。以幼虫越冬。

寄主：杨柳科（Salicaceae）的垂柳（*Salix babylonica*）等。

3.6.2 迷蛱蝶属 *Mimathyma* Moore，[1896]

40. 迷蛱蝶 *Mimathyma chevana*（Moore，[1866]）

正面翅黑色，中室后缘有一长白斑，中区有数枚不规则排列的白斑，下方几枚白斑周围有深蓝色反光，亚外缘有1列小白斑；后翅有一白色中带，周围有深蓝色反光，外中带为1列被翅脉分割的白斑。翅反面银白色，前翅中室及M_3脉下方区域黑色，有数枚与正面对应的白斑，中室内有4枚小黑点，中室端外侧从前缘至M_3脉有1条棕红色斜带，前后翅亚外缘及外缘区棕红色，后翅外中区有1条红棕色带，从前缘靠近前角处抵达臀角。以幼虫越冬。

寄主：杭州榆（*Ulmus changii*）等。

3.6.3 铠蛱蝶属 *Chitoria* Moore，[1896]

41. 金铠蛱蝶 *Chitoria chrysolora*（Fruhstorfer，1908）

雄蝶翅橘黄色，正面前翅中室端有1枚三角形黑斑，顶区及外缘黑色，亚顶区有1枚黑斑，Cu_1室有1枚椭圆形黑斑，Cu_2室基部及2A室有灰黑色鳞片；后翅亚外缘有1列黑斑，从前缘向后角逐渐变小，Cu_1室有1枚圆形黑斑，外缘及亚外缘线黑色。反面除Cu_1室圆斑外，其他斑纹颜色较淡，后翅中部有1条褐色细线，Cu_1室黑斑上有一白色瞳点。安徽分布的为大陆亚种 ssp. *eitschbergeri* Yoshino，1997，与武铠蛱蝶四川亚种 *Chitoria ulupi subcaerulea* 较近似，但前翅正面Cu_1室的黑色圆斑周围没有暗色带，后翅反面褐色中线外侧无明显的白色带。

寄主：榆科（Ulmaceae）的珊瑚朴（*Celtis julianae*）等植物。

3.6.4　白蛱蝶属 *Helcyra* Felder，1860

42. 银白蛱蝶 *Helcyra subalba*（Poujade，1885）

正面翅深灰色，前翅 R_5 室、M_1 室、M_3 室、Cu_1 室各有1枚白斑，Cu_2 室内白色斑弱化；后翅前缘有1枚白斑，其后白带极弱，亚外缘有1条暗色线。反面银白色，白斑与正面相同，前翅后角至 Cu_1 室白斑外侧有深灰色斑块。省内分布均为白色型（f. *subalba*），即反面无橙红色斑。一年发生1代，以幼虫越冬。

寄主：榆科（Ulmaceae）的朴树（*Celtis sinensis*）等植物。

43. 傲白蛱蝶 *Helcyra superba* Leech，1890

翅白色,前翅端半部黑色,其内缘在 M_2 及 Cu_1 脉处凹入,亚顶区有2枚小白斑,中室端被2枚深灰色斑封住;后翅外中区有1列弯曲排列的黑点,亚外缘有1条黑色折线。翅反面隐约可见正面黑斑,前翅 Cu_1 外侧有1枚短黑线,后翅外中区有1列弯曲的细黑线,其中 Cu_1 室及 Rs 室黑线外侧各有1枚圆斑,圆斑内半部橙色,外半部黑色。触角末端膨大明显。一年发生1代,以幼虫越冬。

寄主:榆科(Ulmaceae)的珊瑚朴(*Celtis julianae*)、朴树(*Celtis sinensis*)等植物。

3.6.5　帅蛱蝶属 *Sephisa* Moore，1882

44. 黄帅蛱蝶 *Sephisa princeps*（Fixsen，1887）

　　翅黑褐色，前翅顶角及 Cu_2 脉突出，中室基部有1枚三角形橙色斑，外侧有1枚稍大的不规则橙色斑，中带橙黄色，在 Cu_1 室极宽阔，其上有1枚黑色圆斑，在 M_3 室以上分为两支，外侧一支由2枚小圆斑构成，亚外缘有1列橙色斑；后翅基半部橙色，$Sc+R_1$ 室橙色斑上有1枚黑褐色斑，翅脉黑色，外缘区黑褐色，其内有1列橙色斑，向臀角逐渐变窄，期中 Cu_1 室斑内侧有1枚橙色椭圆形斑。反面与正面相似，但前翅顶区斑、亚顶区2枚圆斑均为白色，后翅除 Cu_1 室、M_3 室及 $Sc+R_1$ 室中部斑为橙色，中室斑上缘、外中斑列内缘略带橙色外，其余浅色斑均为白色，中室内及中室端有3枚小黑点。雌蝶橙色型与雄蝶近似，但翅型较圆；白色型个体正面除前翅中室斑及后翅 $Sc+R_1$ 室中部的斑为橙色外，其余斑均为白色，前翅 Cu_2 室基部有蓝绿色鳞片。每年夏季发生1代，以幼虫越冬。

　　寄主：壳斗科（Fagaceae）的栎属（*Quercus*）。

3.6.6　紫蛱蝶属 *Sasakia* Moore，[1896]

45. 大紫蛱蝶 *Sasakia charonda*（Hewitson，1862）

　　正面翅黑褐色，基半部具蓝紫色反光，前翅中室端附近有2枚白斑，Cu_1室基部及Cu_2室各有1枚近圆形白斑，从前缘中部至Cu_1室外侧有5枚淡黄色斑，亚顶区有2枚淡黄色斑，亚外缘为浅黄色斑列，Cu_2室基部具一白色条；后翅中室及Cu_1室基部各有1枚白斑，外中区至亚外缘散布淡黄色小斑，臀角处有1枚红斑。反面斑纹与正面相似，但前翅端半部及后翅为浅灰绿色。一年发生1代，以幼虫越冬。

　　寄主：榆科（Ulmaceae）的朴树（*Celtis sinensis*）、紫弹树（*Celtis biondii*）。

3.6.7 脉蛱蝶属 *Hestina* Westwood，[1850]

46. 黑脉蛱蝶 *Hestina assimilis*（Linnaeus，1758）

普通型翅淡绿色,沿各翅脉有黑色条纹,前翅 Cu_2 室中部有 1 条黑色条纹从基部抵达外缘,翅外缘黑色,从亚外缘向内有 4 条从前翅前缘发出的黑色带,前两条抵达后缘,第三条止于 Cu_2 脉,第四条止于 M_3 脉;后翅外中区及外侧黑色,其中 Sc+ R_1 室、Rs 室、M_1 室各有 2 枚白斑,亚外缘从 M_1 室至臀角有 4~5 枚红斑,其中 Cu_1 室及 M_3 室红斑中央各有 1 枚黑点。特殊的淡色型个体仅沿翅脉的黑色条纹较发达,前后翅外缘黑色,前翅亚外缘带黑色,其内侧黑带退化,多不明显;后翅亚外缘有 1 列不明显的黑斑,红斑退化或消失;反面黑斑更弱。安徽仅中西部地区有淡色型个体,春季多见。以幼虫越冬。

寄主:榆科(Ulmaceae)的朴树(*Celtis sinensis*)等植物。

3.6.8 猫蛱蝶属 *Timelaea* Lucas，1883

47. 猫蛱蝶 *Timelaea maculata*（Bremer et Grey，[1852]）

翅金黄色，前翅中室内有6枚黑斑，其中4枚为近圆形，基部1枚较长，Cu_2室基部及2A室各有1枚长黑斑，前后翅亚外缘至内中区共有4列黑斑，其中亚外缘斑近似菱形，外中斑列各斑近似椭圆形，中斑列各斑接近矩形，仅前翅M_3室黑斑较小；后翅中室内有4枚黑色圆斑，Cu_2室基部有1黑色条斑。反面与正面相似，但前翅亚顶区、R_5室及后翅第二列黑斑以内除去Cu_2室、Cu_1室基部外的区域底色为白色，后翅肩区有1枚黑斑，以幼虫越冬。

寄主：榆科（Ulmaceae）的紫弹树（*Celtis biondii*）等植物。

3.7　丝蛱蝶亚科 Cyrestinae

3.7.1　电蛱蝶属 *Dichorragia* Butler，[1869]

48. 电蛱蝶 *Dichorragia nesimachus*（Doyère，[1840]）

　　翅黑褐色，具深蓝绿色光泽，前翅中室内有数枚白点，Cu_2室从基部至中部有3枚白点，Cu_1室及M_3室从基部至中部各有2枚白点，从M_2室至R_3室基部各有1枚白斑，Cu_1室及上方各室外部有1列双"V"字形白色横纹，外缘有1列小白斑；后翅外中区有1列黑色圆斑，其内侧有数枚白斑，亚外缘有1列"V"字形斑，外缘有1列小白斑。反面与正面相似，前翅中室内有2枚条状白斑，以蛹越冬。

　　寄主：清风藤科（Sabiaceae）的腺毛泡花树（*Meliosma glandulosa*）。

3.7.2 饰蛱蝶属 *Stibochiona* Butler，[1869]

49. 素饰蛱蝶 *Stibochiona nicea*（Gray，1846）

雄蝶翅黑色,有深蓝色泽,前翅从亚外缘至中区有3列小白点,第二列从前缘抵达Cu_1室,第三列抵达M_3室,中室内有2条蓝色短斑,中室端有2枚蓝斑;后翅外中区有1条不明显的蓝色带,其外侧有1列环状斑,环状斑的外半部为白色,内半部为蓝色。反面与正面相似,但前翅的3列白点均抵达Cu_2室,后翅的环状斑仅有白色部分,中区及外中区另有2列蓝白色点,中室端具2枚蓝白色点,$Sc+R_1$室基部有1枚浅蓝色点。雌蝶与雄蝶近似,但翅面为茶褐色,以蛹越冬。

寄主:荨麻科(Urticaceae)的粗齿冷水花(*Pilea sinofasciata*)等植物。

3.8 线蛱蝶亚科 Limenitinae

3.8.1 翠蛱蝶属 *Euthalia* Hüobner，[1819]

50. 波纹翠蛱蝶 *Euthalia rickettsi*（Hall，1930）

　　本种原是波纹翠蛱蝶 *Euthalia undosa* 的亚种，但 *Euthalia undosa* 实际上是西藏翠蛱蝶 *Euthalia thibetana* 的异名，后 Yokochi（2012）基于翅面差异和同地分布将 *Euthalia rickettsi* 提升为种，这里将名称波纹翠蛱蝶用于此种。本种外观上与 *Euthalia yasuyukii* 十分接近，但前后翅中带及前翅亚顶角斑为白色，后翅中带外侧有蓝色细带。夏季发生1代，以幼虫越冬。

　　寄主：壳斗科（Fagaceae）植物。

3.8.2 姹蛱蝶属 *Chalinga* Moore，1898

51. 锦瑟姹蛱蝶 *Chalinga pratti*（Leech，1890）

雄蝶翅黑褐色，正面前翅中室内有2枚灰白色短斑，中室端有1枚灰褐色斑，中带为1列曲折排列的灰白色斑，顶角附近有2枚灰白色斑，前后翅有1列灰褐色外缘斑、1列灰褐色亚外缘斑及暗红色外中斑列；后翅中带为1列灰白色短斑。反面与正面相似，但各淡色斑颜色更浅而更明显，后翅前缘、肩区红色，中室基部有1枚三角形红斑，中部有1枚白色斜斑，端部有1枚红色斜斑，后翅 R_1 室及 R_2 室基部各有1枚白斑，其中 R_1 室那枚白斑上有一黑点。雌蝶与雄蝶近似，但中带白斑更为发达，红色外中斑则较窄。

寄主：松科（*Pinaceae*）的松（*Pinus* sp.）等植物。

3.8.3 线蛱蝶属 *Limenitis* Fabricius，1807

52. 残锷线蛱蝶 *Limenitis sulpitia*（Cramer，[1779]）

翅正面黑褐色，前翅中室后缘有 1 枚条状白斑，在离基部 2/3 处断开或有一凹痕，外中斑列为 1 列白斑，在 R_5 室至 M_2 室为长白斑，在 M_3 室为一小白点，在 Cu_1 室为一近圆形白斑，亚顶区有 1 列小白点，亚外缘斑列白色，外缘斑列灰褐色；后翅中带白色，外中区有 1 列黑色斑，外侧有 1 列近梯形的白斑，从前缘至后缘逐渐变大，外缘斑列灰褐色。反面底色红褐色，斑纹与正面相似，但前后翅外缘斑列为白色，前翅 Cu_2 室至 M_3 室外中斑列内侧为深褐色，后翅基部有一白斑，其上有数枚黑点，梯形斑列内缘有 1 列褐色点。

寄主：忍冬科（Caprifoliaceae）的忍冬属（*Lonicera* spp.）植物。

53. 折线蛱蝶 *Limenitis sydyi* Lederer，1853

　　雄蝶翅正面黑褐色，前翅亚顶角有 2 枚小白斑，外中斑发达，在 R_5 室至 M_2 室为长白斑，在 M_3 室及 Cu_1 室为椭圆形白斑，在 Cu_2 室为一近方形白斑；后翅有一宽阔的白色中带，亚外缘有 1 列较弱的白斑。反面底色为红褐色，斑纹与正面接近，但前翅中室内有 2 枚白斑，并饰以黑边，亚顶区白斑外侧有数枚黑褐色斑点，2A 室及 Cu_2 室白斑外侧为黑褐色，Cu_2 室至 M_3 室外中斑列内侧具黑褐色阴影，Cu_2 室基部有 1 枚白斑；后翅前缘、肩区及中室基部白色，中带内侧具数枚短黑线或黑斑，中带外侧有 2 列黑褐色斑点，臀区灰白色，前后翅具 1 列白色亚外缘斑及白色外缘斑。雌蝶与雄蝶相似，但正面前翅中室内有 2 枚白斑，前后翅亚外缘斑列稍显著。

　　寄主：蔷薇科（Rosaceae）的三裂绣线菊（*Spiraea trilobata*）、土庄绣线菊（*Spiraea pubescens*）。

54. 扬眉线蛱蝶 *Limenitis helmanni* Lederer，1853

　　翅正面黑褐色，前翅中室后缘有1枚条状白斑，其外侧另有1枚近三角形白斑，外中斑列白色，其中 R_5 室至 M_2 室为长白斑，M_3 室及 Cu_1 室为近圆形白斑，亚顶区有数枚小白斑，亚外缘具1列窄白斑，外缘斑列为暗褐色，不清晰；后翅具1条白色中带，亚外缘斑列为窄白斑，外缘斑列不清晰。反面底色为红棕色，斑纹与正面接近，但前翅 M_3 室至 Cu_2 室外中斑列内侧具黑褐色阴影区，后翅基部灰白色，上有数枚黑点，中带外侧具1列深棕色斑，前后翅外缘斑列为白色。本种与拟戟线蛱蝶 *Limenitis misuji* 较近似，但触角末端为亮黄色而非棕红色。

　　寄主：忍冬科（Caprifoliaceae）的金银忍冬（*Lonicera maackii*）、半边月（*Weigela japonica*）。

55. 断眉线蛱蝶 *Limenitis doerriesi* Staudinger，1892

　　本种与扬眉线蛱蝶相似，区别在于前翅正面中室内白斑上翘明显，中室端具 1 枚红褐色短线，M_3 室及 Cu_1 室白斑内缘共切线指向 Cu_2 室白斑内侧而非外侧，外中带 M_2 室白斑通常比 M_1 室白斑短，扬眉线蛱蝶则两斑长度相当；后翅反面亚外缘白斑列内侧具一列黑点。触角末端为棕红色。

　　寄主：忍冬科（Caprifoliaceae）的忍冬（*Lonicera japonica.*）。

3.8.4　带蛱蝶属 *Athyma* Westwood，[1850]

56. 幸福带蛱蝶 *Athyma fortuna* Leech，1889

　　翅正面黑褐色,前翅中室后缘有 1 枚条状白斑,亚顶区有 2 枚小白斑,外中斑列白色,其中 R_5 室至 M_2 室白斑较宽,彼此以翅脉分割, M_3 室白斑稍小;后翅白色中带两侧具淡蓝色光泽,外中区有 1 列白色矩形斑,从前缘至内缘逐渐变大。反面底色为红棕色,斑纹与正面相似,但前翅 2A 室及 Cu_2 室白斑外侧、 Cu_2 室至 M_3 室白斑内侧均为黑褐色,有 1 列不明显的亚外缘白斑;后翅 $Sc+R_1$ 室基部有 1 枚白斑,延伸至中室基部,前后翅均有白色外缘斑列。

　　寄主:茜草科(Rubiaceae)的荚蒾属(*Viburnum* sp.)植物。

57. 玉杵带蛱蝶 *Athyma jina* Moore，[1858]

本种与幸福带蛱蝶较接近,但前翅中室端不封闭;后翅白色中带附近无明显的淡蓝色光泽。反面后翅肩区为白色,Sc+R$_1$室基部则为红褐色。

寄主:忍冬科(Caprifoliaceae)的菰腺忍冬(*Lonicera hypoglauca*)。

58. 虬眉带蛱蝶 *Athyma opalina*（Kollar，[1844]）

　　翅正面黑褐色,前翅中室后缘有1枚条形白斑,其上有两处断痕,白斑外侧另有1枚三角形白斑,外中斑列为白色,其中 M_1 室白斑较长, M_2 室白斑较小, M_3 室及 Cu_1 室白斑近圆形, Cu_2 室及2A室白斑为倾斜的条状斑,亚外缘斑列白色或不明显,亚外缘线不明显;后翅中带白色,外中斑列白色,亚外缘线不明显。反面底色为红棕色,斑纹与正面接近,但前翅2A室至 Cu_1 室外中斑两侧有黑褐色阴影,后翅基部有1枚新月形白斑,前后翅具浅灰色亚外缘线。

3.8.5 环蛱蝶属 *Neptis* Fabricius, 1807

59. 小环蛱蝶 *Neptis sappho* (Pallas, 1771)

翅正面黑褐色,前翅中室内有1枚条状白斑,其外部有时有不明显的断痕,中室端外侧有1枚三角形白斑,外中斑列从R$_4$室到达2A室,但在M$_2$室缺失,外中线及外缘线不明显,亚外缘有1列小白点;后翅中带白色,中线较模糊,外中区有1列矩形白斑,亚外缘线不明显。翅反面底色为红棕色,斑纹与正面接近,但前翅有较弱的白色外中线,Cu$_2$室、Cu$_1$室、M$_2$室、M$_1$室具白色外缘线,后翅基部及亚基部各有一弯曲的条状白斑,中线、亚外缘线白色,外缘线通常较弱。

寄主:豆科(Leguminosae)的胡枝子属(*Lespedeza sp.*)、山蘡豆属(*Lathyrus sp.*)等。

60. 中环蛱蝶 *Neptis hylas*（Linnaeus，1758）

近似小环蛱蝶，但体型较大，前翅外中带较发达，M_1室及R_5室2枚外中斑重叠部分较长，仅以翅脉分割。反面底色为棕黄色而非棕红色，各白斑或多或少都饰以黑边。

寄主：豆科（Leguminosae）的胡枝子属（*Lespedeza* sp.），野葛（*Pueraria lobata*）等植物。

61. 啡环蛱蝶 *Neptis philyra* Ménétriès, 1859

翅正面黑褐色,前翅中室有1枚白色条状斑,与外侧白斑融合,外中带为1列白斑,其中 R$_5$ 室、M$_1$ 室、M$_3$ 室白斑较宽,M$_2$ 室白斑很小,亚外缘有1列窄白斑;后翅中带白色,具白色外中斑列。翅反面底色为红棕色,前翅 Cu$_2$ 室及 Cu$_1$ 室黑褐色,白斑与正面接近,但较发达,前翅有1列灰白色外缘斑,后翅有白色亚基斑及1列灰白色亚外缘斑。

62. 断环蛱蝶 *Neptis sankara* (Kollar，[1844])

翅正面黑褐色,前翅中室内有1枚条状白斑,其外侧有1枚楔形白斑,外中斑列白色,在 R$_5$ 室及 M$_1$ 室较宽,在 M$_2$ 室较小,在 M$_3$ 室至2A室接近等宽;后翅具1条白色中带及1列白色外中斑,前后翅有不明显的灰褐色亚外缘线。反面底色为红棕色,Cu$_2$ 室及 Cu$_1$ 室外中斑内侧为黑褐色,白斑与正面接近,但前翅中室条与外侧条融合,有1列白色亚外缘斑及1列外缘斑,后翅具白色亚基条及亚外缘线。

63. 链环蛱蝶 *Neptis pryeri* Butler，1871

　　翅正面黑褐色,前翅中室基部有1列白色条及数枚白斑,外中斑列被1条底色带分成内外两部分,内侧部分较大,其中R_5室白斑较宽,M_2室白斑非常小,Cu_2室、Cu_1室、M_2室及M_1室具亚外缘斑;后翅中带较窄,外中斑列宽度与中带相当。反面底色为红棕色,Cu_1室及Cu_2室外中斑内侧为黑褐色,斑纹与正面接近,但前翅中室白斑较大,前翅前缘中部有2枚小白斑,具外缘斑列;后翅基部白色,有数枚小黑斑,具1列亚外缘斑。

寄主:蔷薇科(Rosaceae)单瓣李叶绣线菊(Spiraea prunifolia)、新高山绣线菊(Spiraea morrisonicola)、粉花绣线菊(Spiraea japonica)。

64. 重环蛱蝶 *Neptis alwina*（Bremer et Grey，[1852]）

翅正面黑褐色,前翅中室条斑白色,与外侧白斑融合,上方有一缺刻,外中斑白色,并在 M_1 室及 R_5 室分为 2 列,亚外缘斑白色;后翅中带白色,各处等宽,外中斑列略窄。翅反面底色为红棕色,Cu_1 室及 Cu_2 室外中斑内侧为灰褐色,斑纹与正面接近,但前翅具白色外缘斑,后翅具白色亚基条及 1 列白色亚外缘斑。

寄主:蔷薇科(Rosaceae)的枇杷(*Eriobotrya japonica*)等植物。

3.9 绢蛱蝶亚科 Calinaginae

3.9.1 绢蛱蝶属 *Calinaga* Moore，1858

65. 大卫绢蛱蝶 *Calinaga davidis* Oberthür，1879

翅鳞片稀薄,正面灰色,前翅中室基半部有1枚白斑,其外侧有1枚白色斜斑,中斑列白色且十分宽阔,抵达各室基部,外中斑为1列椭圆形白斑,有时与中斑列融合,亚外缘斑列较模糊;后翅中室白色,中斑列为1列条形白斑,占据各室基半部,其中Sc+R$_1$室到M$_2$室有1条倾斜的底色细带将白斑分为两部分,外中区有1列椭圆形白斑,有时与中斑列融合,亚外缘斑列模糊。反面底色为浅灰黄色,斑纹与正面相似。春季发生1代,稍晚于哈绢蛱蝶,以蛹越冬。

寄主:桑科(Moraceae)的鸡桑(*Morus australis*)等植物。

4 灰蝶科 Lycaenidae

成虫 均为小型(极少中型)美丽的蝴蝶;翅正面常呈红、橙、蓝、绿、紫、翠、古铜等颜色,翅反面的图案和颜色与正面不同,多为灰、白、赭、褐等色。雌雄异型,正面色斑不同,但反面相同。复眼互相接近,其周围有一圈白毛;触角短,锤状,每节有白色环。雌蝶前足正常;雄蝶前足正常或跗节及爪退化。前翅 R_4 脉消失,R脉常只3~4条(少数属如 *Pentila*、*Stryx* 为5条);A脉1条,不少种可见基部有3A脉并入。后翅除 Poritiinae 外无肩脉;A脉2条,有时有1~3条尾突。前后翅中室闭式或开式。

生活在森林中,少数种类为害农作物,常在平地被发现。爱在日光下飞翔。

卵 半圆球形或扁球形;精孔区凹陷,表面满布多角形雕纹,散产在嫩芽上。

幼虫 蛞蝓型,即身体椭圆形而扁,边缘薄而中部隆起;头小,缩在胸部内;足短。体光滑或多细毛,或具小突起。第七节背板上常有腺开口,其分泌物为蚂蚁所爱好,与蚂蚁共栖。以卵或幼虫越冬。

蛹 缢蛹,椭圆形,光滑或被细毛。有些种类化蛹在丝巢中,丝巢在植物上或地面上。

寄主 多为豆科,也有少数品种以蚜虫和介壳虫为食。

4.1　云灰蝶亚科 Miletinae

4.1.1　蚜灰蝶属 *Taraka* Doherty，1889

1. 蚜灰蝶 *Taraka hamada*（Druce，1875）

　　翅正面黑灰色,前翅中部偶尔会有模糊的白斑。翅反面白色,前后翅均散布黑色斑点,具黑色外缘线,外缘各翅脉端具黑点。雌蝶翅型稍圆。

　　寄主:蚜科(Aphididae)的棉蚜(*Aphis gossypii* Glover)。

4.2 银灰蝶亚科 Curetinae

4.2.1 银灰蝶属 *Curetis* Hübner，[1819]

2. 尖翅银灰蝶 *Curetis acuta* Moore，1877

    雄蝶翅正面黑褐色，前翅中室后缘、Cu_2室基部、Cu_1室基部及M_3室基部各有1枚橙色斑；后翅上半部橙斑排列形如字母"C"状。反面银白色，散布黑褐色鳞片，前翅顶角至后缘中部以及后翅前缘中部至臀角有1列不明显的斑纹。雌蝶与雄蝶近似，但正面斑纹为白色，分布在前翅中部。秋型个体前翅顶角、后翅外缘M_3脉及2A脉处突出较明显，雄蝶正面橙红色斑更发达，雌蝶前翅中域至基部有大面积白斑，在中室端有一底色缺刻，后翅白斑也很发达，中室端具一灰褐色斑。以成虫越冬。

寄主：豆科（Leguminosae）的紫藤（*Wisteria sinensis*）、野葛（*Pueraria lobata*）。

4.3 线灰蝶亚科 Theclinae

4.3.1 娆灰蝶属 *Arhopala* Boisduval，1832

3. 齿翅娆灰蝶 *Arhopala rama*（Kollar，[1844]）

雄蝶翅正面黑褐色，具大面积深蓝色斑，后翅尾突粗短。翅反面灰褐色，前翅后缘灰白色，各斑纹为底色或略深于底色，具模糊的浅色边勾勒，前翅中室具3枚小斑，外中带从 R_4 室抵达 Cu_2 室，亚外缘斑不清晰；后翅基部具3枚小斑，亚基部至外中域具3列不规则斑纹，亚外缘斑不清晰。雌蝶与雄蝶相似，但翅正面蓝色斑稍小，局限于翅中域及基部。

寄主：壳斗科（Fagaceae）植物。

4.3.2 玛灰蝶属 *Mahathala* Moore，1878

4. 玛灰蝶 *Mahathala ameria*（Hewitson，1862）

　　翅正面黑褐色，前后翅中域及基部具深蓝色斑；后翅在Sc+R_1脉末端具一角状突起，Cu_2脉末端具一较粗的尾突。反面浅黄褐色或棕褐色，前翅中室有5条浅色短线，外中带灰色或深棕色，较宽阔，具浅色边；后翅斑纹灰色或深棕色，斑驳状。以成虫越冬。

　　寄主：大戟科（Euphorbiaceae）的石岩枫（*Mallotus repandus*）。

4.3.3　丫灰蝶属 *Amblopala* Leech，1893

5. 丫灰蝶 *Amblopala avidiena*（Hewitson，1877）

　　翅正面黑褐色，前翅基半部具深蓝色斑，M_2室至Cu_1室有1枚橙色斑；后翅中室及附近有1枚深蓝色斑，后翅在$Sc+R_1$脉末端突出，臀角向外突起呈叶柄状。反面红棕色，前翅从顶角附近前缘至臀角有1条银白色线，其内侧区域颜色稍浅；后翅从前缘至臀角有一"丫"字形条纹，具银白色边，臀角至外中区及臀区有不清晰的白色条纹。春季发生1代，以蛹越冬。

　　寄主：豆科（Leguminosae）的山合欢（*Albizia kalkora*）。

4.3.4 燕灰蝶属 *Rapala* Moore，[1881]

6. 东亚燕灰蝶 *Rapala micans*（Bremer et Grey，1853）

　　翅正面黑褐色,前翅后半部及后翅具深蓝色光泽;后翅 Cu_2 脉端具尾突,臀角处呈耳垂状突起,雄蝶 $Sc+R_1$ 室基部具1枚黑色半圆形性标。反面翅土黄色,前后翅中室端斑较弱,外中带为深黄褐色,外侧具白边,黄褐色亚外缘斑及外缘斑较模糊,后翅 Cu_1 室外部具1枚橙色斑及1枚黑色圆斑, Cu_2 室外部有1枚黑斑,其上具灰白色鳞片,2A室外缘有1条黄褐色线,内侧具白边,臀角耳垂状突起黑色。春型个体正面前翅外中部具1枚较大的橙红色斑,反面颜色略偏红色。以蛹越冬。

4.3.5 生灰蝶属 *Sinthusa* Moore，1884

7. 生灰蝶 *Sinthusa chandrana*（Moore，1882）

雄蝶翅正面黑褐色，后翅中室、M_1室、M_2室及M_3室至Cu_2室外部具闪紫色光泽，$Sc+R_1$室及Rs室基部具性标，Cu_2脉端具尾突。反面灰白色，亚外缘以内各斑灰褐色，两侧具白边，前后翅各有1枚中室端斑，前翅中带在M_3脉上方外移，后翅中带在M_1室至M_2室外移，在Cu_2脉以内发生内移，后翅亚基部具数枚黑点，或退化，前后翅亚缘斑较模糊，后翅Cu_1室外侧具1枚橙色斑，其中部有1枚黑色圆斑。雌蝶正面黑褐色，反面与雄蝶相似。

寄主：蔷薇科（Rosaceae）的悬钩子属（*Rubus* sp.）植物。

4.3.6　梳灰蝶属 *Ahlbergia* Bryk，1946

8. 尼采梳灰蝶 *Ahlbergia nicevillei*（Leech，1893）

雄蝶翅正面黑灰色,翅中域至基部具蓝色鳞片,前翅近前缘中部具1枚深灰色长椭圆形性标;后翅外缘波状不明显,臀角向内突出。反面暗红褐色,斑纹棕褐色,前翅外中域具1列十分模糊的斑,后翅中带在 Rs 室略向外突出,在 M_3 室明显向外突出,外中区具1列模糊的斑,2A 室中带外侧具灰白色鳞片。雌蝶正面黑灰色,外中域至基部具蓝色闪光,反面与雄蝶相似。早春发生1代,3~5月可见,以蛹越冬。

寄主:忍冬科(Caprifoliaceae)的金银花(*Lonicera japonica*)。

4.3.7　洒灰蝶属 *Satyrium* Scudder，1876

9. 大洒灰蝶 *Satyrium grandis*（Felder et Felder，1862）

　　雄蝶翅正面黑褐色，前翅中室端前方有 1 枚浅灰色性标；后翅 Cu_2 脉端具尾突，Cu_1 脉端具一很短的尾突。反面灰褐色，前后翅具白色外中线，其中后翅外中线在臀角内侧呈"W"形，前翅亚外缘斑黑褐色，具模糊的灰白色边，后翅亚外缘斑中部橙红色，内外侧黑色，具模糊的灰白色边，臀角附近 Cu_1 室及 2A 室橙红色斑外侧具 1 枚黑色圆斑，Cu_2 室橙红色斑外侧的黑斑上散布灰白色鳞片，前后翅外缘线白色。雌蝶翅型较圆，翅正面黑褐色，反面与雄蝶相似。夏季发生 1 代，以卵越冬。

　　寄主：豆科（Leguminosae）的紫藤（*Wisteria sinensis*），蔷薇科（Rosaceae）的苹果（*Malus pumila*）。

10. 优秀洒灰蝶 *Satyrium eximia*（Fixsen，1887）

雄蝶翅正面黑褐色,前翅中室端前方有1枚灰色性标;后翅 Cu_2 脉端具尾突。反面灰褐色,前后翅具白色外中线,其中后翅外中线在臀角内侧呈"W"形,前翅亚外缘斑弱,后翅亚外缘斑橙红色,内侧有黑线勾勒,具模糊的白色边,臀角附近 Cu_1 室及2A室橙红色斑外侧具1枚黑色圆斑, Cu_2 室橙红色斑外侧的黑斑上散布灰白色鳞片,前后翅外缘线白色。雌蝶翅型较圆,正面臀角处具模糊的橙色斑,反面与雄蝶相似。5~6月发生1代,以卵越冬。

寄主:鼠李科(Rhamnaceae)的鼠李(*Rhamnus davurica*)等植物。

4.4 灰蝶亚科 Lycaeninae

4.4.1 灰蝶属 *Lycaena* Fabricius，1807

11. 红灰蝶 *Lycaena phlaeas*（Linnaeus，1761）

翅正面黑褐色,前翅亚缘区以内为橙红色,中室端半部具2枚黑褐色斑,外中区具1列黑褐色斑;后翅亚外缘有一波状橙红色带。反面前翅外缘及后翅浅灰色,前翅外缘区以内为浅橙色,前翅亚缘区M_1室至Cu_2室有1列逐渐增大的黑色斑,外中区有1列黑色斑,具白边,排列同正面,中室内有3枚黑斑,具白边;后翅基半部具数枚小黑点,中室端斑黑色,外中区有1列小黑点,亚外缘有1列波状红线。最常见的灰蝶之一。以幼虫越冬。

寄主:蓼科(Polygonaceae)的酸模(*Rumex acetosa*)等植物。

4.5 眼灰蝶亚科 Polyommatinae

4.5.1 黑灰蝶属 *Niphanda* Moore，[1875]

12. 黑灰蝶 *Niphanda fusca*（Bremer et Grey，1853）

　　雄蝶翅正面黑褐色,具暗蓝紫色闪光。反面浅灰色,前翅 Cu_2 室基部及中室中下部有 1 枚灰黑色斑,中室端部有 1 枚近方形深灰色斑,中斑列深灰色,其中 Cu_1 室 1 枚内移;后翅亚基部及中域各有 1 列深灰色圆斑,具灰白色边,中室端斑深灰色,具灰白色边,前后翅亚缘斑列及外缘斑列为底色或略深,两侧具模糊的灰白色斑。雌蝶深色型个体翅型较圆,翅正面黑褐色,前翅中室端有 1 枚黑色斑,中区有 1 列黑斑,后翅斑不清晰;浅色型个体正面前翅中域为白色,近基部为浅蓝色,后翅近基部浅蓝色,外侧灰白色,斑纹与深色型相似。反面基本同雄蝶。

　　寄主:壳斗科(Fagaceae)的栗(*Castanea mollissima*)。

4.5.2 雅灰蝶属 *Jamides* Hübner，[1819]

13. 雅灰蝶 *Jamides bochus*（Stoll，[1782]）

　　雄蝶正面翅黑褐色,前翅中域至基部及后翅具海蓝色光泽;后翅具尾突。反面棕灰色,各斑纹为底色,两侧具白边,前后翅具中室端斑、中横带及亚缘斑列,其中亚缘斑列边缘为波状白纹,后翅具数枚亚基斑,臀角附近具1枚橙红色斑,Cu_1室橙红色斑中部有1枚黑色圆斑,外缘线白色。雌蝶翅正面黑褐色,前后翅中域至基部具蓝色光泽,后翅有1列亚缘斑。反面与雄蝶相似。

　　寄主:豆科(Leguminosae)的野葛(*Pueraria lobata*)。

4.5.3 亮灰蝶属 *Lampides* Hübner, [1819]

14. 亮灰蝶 *Lampides boeticus*（Linnaeus, 1767）

　　雄蝶翅正面深褐色,除外缘及后翅前缘外,具蓝紫色光泽,后翅臀角附近有2枚黑斑,Cu$_2$脉端具尾突。反面浅灰褐色,亚外缘以内区域各斑中部白色,两边为底色或略深于底色,两侧具白边,前后翅中室中部及端部各有1枚斑,后翅Cu$_2$室基半部有1枚斑,Sc+R$_1$室基半部有2枚相连的斑,前后翅外中区各有1列斑,其外侧有1条白带,后翅白带较粗,前翅则较细,前后翅亚缘斑及外缘线均为白色,后翅Cu$_1$室至Cu$_2$室亚外缘有1枚橙色斑,其外侧各有1枚黑色斑,上有浅色闪光鳞片。雌蝶正面深褐色,前翅外中域至基部、后翅中域至基部具蓝色鳞片,后翅亚缘斑环状,灰白色,其内侧有1条模糊的灰白色带。反面同雄蝶。以幼虫越冬。

　　寄主：豆科（Leguminosae）的扁豆（*Lablab purpureus*）、猪屎豆属（*Crotalaria* sp.）、田菁（*Sesbania cannabina*）。

4.5.4 酢浆灰蝶属 *Pseudozizeeria* Beuret, 1955

15. 酢浆灰蝶 *Pseudozizeeria maha*（Kollar，[1844]）

雄蝶翅正面黑褐色,前后翅亚缘区以内具蓝紫色光泽。反面灰白色,前后翅中室端斑灰褐色,外中区各有1列黑褐色圆点,亚缘斑及外缘斑深褐色,外缘线黑褐色,前后翅各有数枚黑褐色亚基部圆点。雌蝶翅正面黑褐色,反面与雄蝶相似。秋型雄蝶翅正面具浅蓝色光泽,雌蝶翅正面散布蓝色鳞片,反面浅灰色,后翅斑纹色稍浅,亚缘区以内各斑具灰白色边。以蛹越冬。

寄主:酢浆草科(Oxalidaceae)的黄花酢浆草(*Oxalis pes-caprae*)。

4.5.5　蓝灰蝶属 *Everes* Hübner,[1819]

16. 蓝灰蝶 *Everes argiades*（Pallas，1771）

　　翅正面黑褐色,除外缘区及后翅前缘区外,具蓝紫色光泽,后翅具尾突。反面灰白色,前后翅各有1枚灰色中室端斑,外中区有1列黑点,亚外缘斑及外缘斑灰色至黑色,前后翅靠近臀角处亚缘斑及外缘斑之间有橙红色斑,后翅亚基部有数枚黑点。雌蝶正面黑褐色,后翅 Cu_1 室及 M_3 室亚外缘有2枚橙红色斑。反面与雄蝶相似。以蛹越冬。

　　寄主：豆科（Leguminosae）的紫苜蓿（*Medicago sativa*）、紫云英（*Astragalus sinicus*）、白车轴草（*Trifolium repens*）。

4.5.6 玄灰蝶属 *Tongeia* Tutt，[1908]

17. 点玄灰蝶 *Tongeia filicaudis*（Pryer，1877）

与玄灰蝶十分相似，但前翅反面Cu_2室基半部及中室中部各有1枚黑斑。

寄主：景天科（Crassulaceae）的垂盆草（*Sedum sarmentosum*）。

18. 波太玄灰蝶 *Tongeia potanini* (Alphéraky, 1889)

翅正面黑褐色,后翅具尾突。反面浅灰色,斑纹黑褐色,具模糊的白边,前后翅中室端有 1 枚条状短斑,前翅外中斑连成条带状,但在 Cu_1 脉下方内移,亚外缘及外缘区各有 1 列窄斑,后翅亚基部具数枚斑点,外中斑在 Cu_1 室及 Rs 室内移,亚外缘斑及外缘斑黑褐色,Cu_1 室至 M_3 室亚外缘斑外侧有橙色斑,外缘斑上有蓝绿色闪光鳞片,前后翅外缘黑褐色。

4.5.7　妩灰蝶属 *Udara* Toxopeus，1928

19. 珍贵妩灰蝶 *Udara dilectus*（Moore，1879）

　　雄蝶翅正面黑褐色,除前翅外缘上半部及后翅前缘外具淡蓝色光泽,前翅中区下半部及后翅中域上半部具模糊的白斑。反面灰白色,前后翅中室端斑灰色,呈线状,外中斑黑色,前翅外中斑多为倾斜的短线状,后翅外中斑则为不规则的点状,Cu$_2$室2枚愈合成一小段弧线,亚外缘斑为1列灰色短弧线,外缘斑为1列黑点,后翅亚基部另有数枚黑点。雌蝶正面黑褐色,淡蓝色斑局限于前翅中域至基部及后翅除前缘区外的区域,前翅中域有模糊的白斑。反面与雄蝶相似。

4.5.8　琉璃灰蝶属 *Celastrina* Tutt，1906

20. 琉璃灰蝶 *Celastrina argiolus*（Linnaeus，1758）

　　雄蝶正面黑褐色,除外缘及前翅顶角外,具淡蓝色光泽。反面灰白色,后翅亚基部有数枚小黑点,前后翅中室端斑灰色,外中斑列点状,黑色至灰色,亚外缘斑纹短弧线状,灰色,较模糊,外缘斑点状,黑色至灰色。雌蝶正面黑褐色,前翅中域至基部、后翅 M_1 脉后方亚外缘区内侧具淡蓝色或蓝白色光泽,前翅中室端斑黑褐色,后翅有1列淡蓝色或蓝白色亚缘斑。反面与雄蝶相似。以蛹越冬。

　　寄主:豆科(Leguminosae)的胡枝子(*Lespedeza bicolor*),蔷薇科(Rosaceae)的悬钩子(*Rubus* sp.)等植物。

21. 大紫琉璃灰蝶 *Celastrina oreas*（Leech，[1893]）

与琉璃灰蝶相似,但个体稍大,正面除外缘外具蓝紫色光泽。反面外中斑稍大,呈黑色且色泽均匀,后翅基部具蓝绿色鳞片。春季发生1代,以蛹越冬。

寄主:山茶科（Theaceae）的台湾毛柃（*Eurya strigillosa*）、尾尖柃木（*Eurya acuminata*）。

4.5.9　白灰蝶属 *Phengaris* Doherty, 1891

22. 白灰蝶 *Phengaris atroguttata*（Oberthür，1876）

　　翅正面白色，前翅外缘具黑褐色边，亚顶角 M_2 室至 R_5 室各有1枚黑褐色斑，中室端具1枚黑褐色斑；后翅外缘区有1列模糊的黑褐色斑。反面白色，斑纹黑色，前翅中室及中室端部各有1枚斑，从 R_4 室至 Cu_1 室有1列外中斑，在 M_1 室、M_2 室向外突出，具1列亚外缘斑及外缘斑；后翅基部至外中区有3列近椭圆形斑，具1列亚外缘斑及外缘斑。

5 弄蝶科 Hesperiidae

成虫 小型或中型的蝴蝶,体粗壮,颜色深暗,大多为黑色、褐色或棕色,少数为黄色或白色。头大;眼的前方有长睫毛。触角基部互相接近,并常有黑色毛块,端部略粗,末端尖出,并弯成钩状,是本科显著特征。雌、雄前足均发达,胫节腹面有1对距,后足有2对距。前翅三角形,R脉5条,均直接从中室分出,不相合并;A脉2条,离开基部后合并。后翅近圆形,A脉3条。前后翅中室开式或闭式。飞行迅速且带跳跃,多在早晚活动,在花丛中穿梭。

卵 半圆球形或扁圆形,有不规则的雕纹,或有不规则的纵脊与横脊,多散产。

幼虫 头大,色深;身体纺锤形,光滑或有短毛,并常附有白色蜡粉;前胸细瘦成颈状,容易辨别。腹足趾钩2序或3序,排成环式。腹部末端有一梳齿状骨片。常吐丝连数叶片成苞,在里面取食,夜间活动频繁。

蛹 长圆柱形,末端尖削;表面光滑无突起;上唇分为3瓣,喙长,伸过翅芽很多。在幼虫所结的苞中化蛹。

寄主 主要是禾本科植物,也有取食豆科的,有的取食水稻等禾本科作物。

分布 全国均有分布。

5.1.1　趾弄蝶属 *Hasora* Moore，[1881]

1. 无趾弄蝶 *Hasora anura* de Nicéville，1889

　　雄蝶翅正面黑褐色，近基部具褐色毛，前翅亚顶角有 3 枚淡色小斑。反面前翅端半部及后翅具深蓝紫色光泽，前翅亚顶角有 3 枚淡色小斑，后翅中室内有 1 枚银白色小斑，外中区具一模糊的白色宽带，仅 Cu₂ 室较明显。雌蝶与雄蝶近似，但正反面前翅中室端部、Cu₁ 室中部、M₃ 室中部靠内侧各有 1 枚淡色矩形斑。以成虫越冬。

　　寄主：豆科（Leguminosae）的红豆属（*Ormosia* sp.）植物。

5.1.2 绿弄蝶属 *Choaspes* Moore，[1881]

2. 绿弄蝶 *Choaspes benjaminii*（Guérin-Méneville，1843）

　　雄蝶翅正面黑褐色，除外缘区外其余部分具深蓝色光泽，后翅臀角向外突出，具1枚橙红色斑，前翅缘毛黑褐色，后翅臀角附近缘毛为橙红色。反面底色为绿色，前翅2A室、Cu$_2$室及Cu$_1$室基半部为深灰色，前后翅翅脉黑色，后翅臀角具橙红色斑，上有数枚黑斑。雌蝶与雄蝶相似，但正面翅基半部为绿色。

　　寄主：清风藤科（Sabiaceae）的红柴枝（*Meliosma oldhamii*）、细花泡花树（*Meliosma parviflora*）等植物。

5.2 花弄蝶亚科 Pyrginae

5.2.1 珠弄蝶属 *Erynnis* Schrank，1801

3. 深山珠弄蝶 *Erynnis montanus*（Bremer，1861）

翅正面深褐色,前翅散布灰白色鳞片,斑纹多不清晰,亚顶区具3枚灰白色小斑;后翅中室端具1枚淡黄色横斑,外中区至亚外缘有2列淡黄色斑,内列斑较大,曲折排列,外列斑稍小。反面与正面近似,但前翅外中区至外缘有3列模糊的浅黄色斑。春季发生1代,以蛹越冬。

5.2.2 花弄蝶属 *Pyrgus* Hübner, [1819]

4. 花弄蝶 *Pyrgus maculatus*（Bremer et Grey，1853）

夏型翅正面黑褐色,前翅中室外部有 1 枚白色窄斑,中室端有 1 条白线,亚顶角 R_3 室到 R_5 室有相连的 3 枚小白斑,M_1 室及 M_2 室外侧各有 1 枚小白斑,M_3 室及 Cu_1 室中部各有 1 枚略倾斜的白色斑,Cu_1 室基部另有 1 枚三角形小白斑,Cu_1 室外侧白斑下方有 2 枚错开排列的小白斑;后翅中域有 3~4 枚白斑排成 1 列。反面前翅与正面近似,后翅浅褐色,中带白色,其外缘参差不齐,基区及臀区白色,臀角黑褐色,$Sc+R_1$ 室基半部有 1 枚小白斑。春型与夏型近似,但后翅正反面具 1 列亚外缘白斑。以蛹越冬。

寄主：蔷薇科（Rosaceae）的绣线菊（*Spiraea salicifolia*）、茅莓（*Rubus parvifolius*）。

5.2.3 白弄蝶属 *Abraximorpha* Elwes et Edwards，1897

5. 白弄蝶 *Abraximorpha davidii*（Mabille，1876）

　　翅正面暗褐色，前翅中室基半部具1枚条状白斑，端半部有1枚方形大白斑，白斑上方另有1枚条状白斑，R$_2$室至M$_2$室有1列小白斑，其中M$_1$室及M$_2$室白斑偏外，M$_3$室及Cu$_2$室基半部各有1枚边缘内凹的白斑，Cu$_2$室中部偏内有1枚倾斜白斑，亚外缘具1列模糊的白斑；后翅亚基部、中部及外中部各有1白色横带，其中亚基部横带通过中室前缘与中带相连，中带沿各翅脉与外侧带相连，外侧带沿翅脉向外具辐射状白条。翅反面斑纹与正面近似，但翅脉为白色，亚外缘斑列更为发达，前翅2A室及后翅前缘为白色。夏季发生1代，以幼虫越冬。

　　寄主：蔷薇科（Rosaceae）的悬钩子属（*Rubus* sp.）植物。

5.2.4　星弄蝶属 *Celaenorrhinus* Hübner，[1819]

6. 斑星弄蝶 *Celaenorrhinus maculosa*（Felder et Felder，[1867]）

　　翅正面黑褐色,前翅中室端斑白色,R_3室至M_2室有1列小白斑,其中M_1室及M_2室白斑偏外,M_3室基部有1枚小白斑,其下方靠内侧有1枚大白斑,Cu_2室基半部有1枚小白斑,外部有2枚错开排列的小白斑;后翅从基部向外有3列黄色斑。反面与正面相似,但前后翅基部具浅黄色纵向放射纹。前翅除Cu_2室外缘毛为黑褐色,后翅缘毛为黑褐色与浅黄色相间。夏季发生1代。

5.2.5　梳翅弄蝶属 *Ctenoptilum* de Nicéville，1890

7. 梳翅弄蝶 *Ctenoptilum vasava*（Moore，[1866]）

　　翅红褐色至黄褐色，前翅亚外缘区以内及后翅基半部密布黑褐色鳞片，斑纹接近透明，前翅亚顶角 R_2 室至 R_5 室有密排的数枚斑，中室基部有 1 枚小斑，中室端脉浅黄白色，内侧上下 2 枚斑融合，上斑稍小，其上方另有 2 枚小斑，M_1 室至 M_3 室各有 1 枚斑，其中 M_1 室及 M_2 室斑较小，Cu_1 室有 1 枚较大的矩形斑，基部另有 1 枚小斑，Cu_2 室中部外侧具上下 2 枚错开排列的小斑；后翅外缘在 M_3 脉及 R_2 脉处向外突出，基半部具多枚大小不一的不规则斑。翅反面为红褐色至黄褐色，斑纹与正面基本一致。春季发生 1 代，以蛹越冬。

5.2.6　黑弄蝶属 Daimio Murray，1875

8. 黑弄蝶 *Daimio tethys*（Ménétriés，1857）

　　翅正面黑色，前翅中室端有1枚大白斑，上方有1枚小白斑，亚顶区 R_3 室至 R_5 室有3枚相连的白斑，M_1 室及 M_2 室各有1枚小白斑，M_3 室至 Cu_2 室各有1枚较大的白斑；后翅具较宽的白色中带，其外侧有1列黑色圆斑，Cu_1 室黑斑嵌入白色中带内。反面与正面相似，但后翅基半部灰白色，有数枚黑斑。

　　寄主：天南星科（Araceae）的芋（*Colocasia esculenta*），薯蓣科（Dioscoreaceae）的薯蓣（*Dioscorea opposita*）。

5.3 弄蝶亚科 Hesperiinae

5.3.1 腌翅弄蝶属 *Astictopterus* Felder et Felder，1860

9. 腌翅弄蝶 *Astictopterus jama* Felder et Felder，1860

翅正面黑褐色，反面前翅端半部及后翅颜色稍淡。旱季型前翅正反面亚顶角R₃室至R₅室具1列小白斑。

5.3.2　锷弄蝶属 *Aeromachus* de Nicéville，1890

10. 河伯锷弄蝶 *Aeromachus inachus*（Ménétriés，1859）

　　翅正面黑褐色，前翅中室有1枚小白斑，外中区有1列小白斑，雄蝶Cu_2室中部具性标。反面前翅与正面相似，但具1列亚外缘斑，后翅黑褐色，被黄褐色鳞片，翅脉黄褐色，亚基部、中区及亚外缘各有1列小白斑，白斑两侧黑色。以幼虫越冬。

5.3.3 黄斑弄蝶属 *Ampittia* Moore，[1882]

11. 钩形黄斑弄蝶 *Ampittia virgata*（Leech，1890）

雄蝶翅正面黑褐色，斑纹橙黄色，中室内有上下 2 枚楔形斑，下斑较长，两斑外侧相连，翅前缘有 1 枚条状斑，R_1 室及 R_2 各有 1 枚条斑，亚顶区 R_3 室到 R_5 室有 3 枚相连的斑，M_3 室及 Cu_1 室各有 1 枚斑，Cu_2 室中部靠内至 2A 室有一黑色性标，性标内侧区域具橙黄色鳞片；后翅中部具橙黄色鳞毛，外中区 Cu_1 室及 M_3 室各有 1 枚斑。翅反面与正面斑纹接近，但前后翅具黄色外缘线及亚外缘线，沿翅脉具黄色放射状条纹，前翅 Cu_2 室中部有 1 枚模糊的浅黄色斑，后翅基半部为黄色。雌蝶与雄蝶近似，但前翅 Cu_2 室外侧具上下 2 枚黄色斑。

寄主：禾本科（Gramineae）的芒（*Miscanthus sinensis*）。

5.3.4 姜弄蝶属 *Udaspes* Moore，[1881]

12. 姜弄蝶 *Udaspes folus*（Cramer，[1775]）

翅正面黑褐色，中室内有一较大的近方形白斑，亚顶区 R_2 室有一白点，R_3 室至 R_5 室有 3 枚毗连的白斑，其外侧 M_1 室及 M_2 室有 2 枚白斑，M_3 室另有 1 枚独立的白斑，Cu_1 室及 Cu_2 室各有 1 枚较大的白斑；后翅基部及内缘具棕色毛，中域具数枚相连的白斑。反面白斑与正面相似，前翅前缘棕色，亚外缘区在 Cu_1 室上方具一模糊的浅灰色带，其外侧呈棕灰色；后翅中室内白色，与中域白斑相连，白斑上方各室为棕色，其中 $Sc+R_1$ 室基半部有 1 枚小斑，中域白斑内侧有一小块黑色区域，外侧有一模糊的灰色带，其外侧为棕灰色，臀区为灰白色。以蛹越冬。

寄主：姜（*Zingiber officinale*）。

5.3.5 谷弄蝶属 *Pelopidas* Pelopidas Walker，1870

13. 中华谷弄蝶 *Pelopidas sinensis*（Mabille，1877）

翅正面黑褐色,前后翅基部及后翅内缘被黄褐色毛,前翅中室内有上下2枚错开的白斑,亚顶角R_3室至R_5室有3枚小白斑,其中R_5室1枚外移,M_2室到Cu_1室有1列逐渐增大的白斑,雄蝶Cu_2室具一倾斜的性标,雌蝶则为上下2枚倾斜排列的白斑;后翅外中区有1列小白斑,其中Cu_1室及Rs室2枚较弱。反面黄褐色,Cu_1室至2A室为黑褐色,斑纹与正面相似,雄蝶Cu_2室与正面性标对应位置有1枚模糊的灰白色斑;后翅中室有1枚小白斑,外中区Cu_1室至Rs室有1列小白斑。以幼虫越冬。

14. 隐纹谷弄蝶 *Pelopidas mathias*（Fabricius，1798）

　　翅正面黑褐色，被黄褐色鳞毛，前翅有上下2枚白色中室斑，亚顶角R_3室至R_5室各有1枚小白斑，其中R_5室白斑外移，M_2室至Cu_1室各有1枚小白斑，雄蝶Cu_2室中部具1枚倾斜的灰色性标，雌蝶具1~2枚白斑。翅反面黄褐色，前翅下半部黑褐色，斑纹与正面相似，雄蝶在正面性标对应位置处有1枚模糊的灰白色斑；后翅中室有1枚小白点，外中区为1列小白点。较近似南亚谷弄蝶 *Pelopidas agna*，但雄蝶前翅正面中室白点连线与性标中段相交。以幼虫越冬。

　　寄主：禾本科（Gramineae）的高粱（*Sorghum bicolor*）、稻（*Oryza sativa*）等。

5.3.6 刺胫弄蝶属 *Baoris* Moore，[1881]

15. 黎氏刺胫弄蝶 *Baoris leechii* Elwes et Edwards，1897

　　翅正面黑褐色，前翅中室内具上下2枚白斑，亚顶角 R_3 室至 R_5 室有3枚小白斑，其中 R_5 室1枚外移，M_2 室至 Cu_1 室基部有1列依次增大的白斑，雌蝶在 Cu_2 室后缘有1枚小白斑；雄蝶后翅基部具1簇褐色毛。反面翅黄褐色，前翅 Cu_2 室及2A室中部灰白色，后角及基部黑褐色，斑纹与正面相似，后翅无斑。

5.3.7 稻弄蝶属 *Parnara* Moore，[1881]

16. 直纹稻弄蝶 *Parnara guttata*（Bremer et Grey，[1852]）

翅正面黑褐色，前翅中室内有上下2枚条状短白斑，其中上侧白斑总是稳定存在，亚顶角 R_3 室至 R_5 室有3枚小白斑，M_2 室至 Cu_1 室有1列依次增大的白斑；后翅外中区有4枚矩形白斑。反面底色为黄褐色，前翅中室后缘、Cu_1 室基半部、Cu_2 室及 2A 室黑褐色，斑纹与正面相似，后翅 Rs 室有时具1枚小白斑。以幼虫越冬。

寄主：禾本科（Gramineae）的稻（*Oryza sativa*）、芒（*Miscanthus sinensis*）、甘蔗（*Saccharum officinarum*）、高粱（*Sorghum bicolor*）。

17. 粗突稻弄蝶 *Parnara batta* Evans，1949

　　与直纹稻弄蝶十分近似,但个体较小,前翅中室斑较小,下中室斑有时会消失;后翅白斑较小,近圆形,有时甚至会退化。本种在雄性外生殖器上与直纹稻弄蝶有比较稳定的区分,背兜上突粗大(Devyatkin et Monastyrskii,2002),分子证据亦支持本种独立(Guo et al.,2010)。以幼虫越冬。

5.3.8 孔弄蝶属 *Polytremis* Mabille，1904

18. 黑标孔弄蝶 *Polytremis mencia*（Moore，1877）

翅正面黑褐色，中室内有上下 2 枚并列的白斑，亚顶角 R_3 室至 R_5 室有 3 枚小白斑，M_2 室至 Cu_1 室有 1 列依次增大的白斑，雄蝶 Cu_2 室具 1 枚倾斜的灰色性标，雌蝶 Cu_2 室中部后缘有 1 枚小白斑；后翅外中区 Cu_1 室至 M_1 室有 1 列小白斑。翅反面灰绿色，前翅后半部黑褐色，斑纹与正面相似。

19. 刺纹孔弄蝶 *Polytremis zina*（Evans，1932）

　　雄蝶翅正面黑褐色，前翅中室内有上下2枚白斑，其中下侧白斑较长，向内突出，亚顶角 R₃ 室至 R₅ 室有3枚小白斑，M₂ 室至 Cu₁ 室有1列依次增大的白斑，Cu₂ 室中部后缘有1枚小白斑；后翅外中域 Cu₁ 室至 M₁ 室有1列白斑。反面棕黄色，前翅后半部为黑褐色，斑纹与正面相似。雌蝶与雄蝶近似，但翅型稍圆，前翅中室内上下2枚白斑并列且长度相当。

20. 白缨孔弄蝶 *Polytremis fukia* Evans，1940

　　原属盒纹孔弄蝶*Polytremis theca*的亚种，但二者分布重叠，且外形和分子上都有稳定差异（Jiang et al.，2016）。前翅中室内有上下2枚白斑，亚顶角R_3室至R_5室有3枚小白斑，M_2室至Cu_1室有1列依次增大的白斑，Cu_2室中部具上下2枚白斑，其中上侧白斑很小，位置偏外；后翅外中域Cu_1室至M_1室有1列白斑，其中Cu_1室及M_2室白斑稍长。反面灰绿色，前翅后半部黑褐色，后翅被灰白色鳞片，斑纹与正面基本相似。

21. 黄纹孔弄蝶 *Polytremis lubricans*（Herrich-Schäffer，1869）

翅正面黑褐色,前后翅基部及后翅中部有黄褐色毛,斑纹为黄白色,前翅中室内有上下2枚小斑,亚顶角 R_3 室至 R_5 室有3枚小斑,M_2 室至 Cu_1 室有1列依次增大的斑,其中 Cu_1 室斑非常宽,Cu_2 室后缘具1枚小斑;后翅外中区 Cu_1 室至 Rs 室有1列小斑,其中 M_2 室斑较长,Cu_1 室、M_3 室及 $Sc+R_1$ 室白斑常退化。反面棕黄色,前翅后半部为黑褐色,斑纹与正面相似。

5.3.9 黄室弄蝶属 *Potanthus* Scudder, 1872

22. 孔子黄室弄蝶 *Potanthus confucius* (Felder et Felder, 1862)

　　与曲纹黄室弄蝶非常近似,但个体稍小,翅型较圆钝,前翅 R_5 室黄斑下缘与 M_1 室黄斑上缘通常具重叠部分。

5.3.10 豹弄蝶属 *Thymelicus* Hübner，[1819]

23. 黑豹弄蝶 *Thymelicus sylvatica*（Bremer，1861）

翅正面黑褐色，斑纹橙黄色，前翅中室内有上下2枚斑，上斑较长，前翅前缘各室均有斑，亚顶角R$_3$室至R$_5$室内有3枚斑，M$_1$室至Cu$_2$室斑构成外中斑列；后翅外中域Cu$_1$室至Rs室有1列斑。反面黄褐色，翅脉黑褐色，前翅后角、基部、后缘及后翅臀角有黑褐色区域，斑纹与正面相似。

寄主：禾本科（Gramineae）植物。

5.3.11　赭弄蝶属 *Ochlodes* Scudder，1872

24. 白斑赭弄蝶 *Ochlodes subhyalina*（Bremer et Grey，1853）

　　雄蝶翅正面黑褐色,中室端部具2枚半透明的白斑,亚顶区 R_3 室至 R_5 室有3枚半透明的白斑, M_1 室至 Cu_1 室有1列半透明白斑, Cu_2 室中部有1枚橙色斑, Cu_1 脉基部至2A脉基半部具一很粗的性标,中央黑灰色,边缘黑色;后翅中室内有1枚橙色斑,外中域 Cu_1 室至 Rs 室有1列橙色斑。反面黄褐色,前翅中室下方、后角及后缘具黑褐色区域,斑纹与正面接近。雌蝶与雄蝶近似,但正面前翅基部为底色, Cu_1 室斑稍宽。

25. 宽边赭弄蝶 *Ochlodes ochracea*（Bremer，1861）

雄蝶翅正面黑褐色，基部褐色，斑纹橙色，中室及前缘有橙色斑，R_3室至Cu_2室具1列斑，M_1室至Cu_2室斑外缘形成1条直线，其中M_2室斑较小，M_1室斑很小或消失，Cu_1脉基部至2A脉基半部有一黑色性标；后翅中室端半部、Cu_1室至Rs室基半部组成1块橙色斑。反面黄褐色，前翅中室下方及后缘具黑褐色区域，斑纹与正面近似。雌蝶与雄蝶相似，但前翅正面基部为底色，中室仅端部有1枚橙色斑。